Python 程序设计基础

主　编　王祥荣

副主编　孟　赟　王景丽

U0217557

中国水利水电出版社
www.waterpub.com.cn

·北京·

内 容 提 要

本书是针对 Python 程序设计初学者的基础教程，书中详细介绍了 Python 程序设计的基础理论和核心要点，结合大量的应用案例，有助于读者对知识的理解和掌握。全书共 8 章，内容包括：计算机数据处理、股票价格数据存储处理、设计程序预测股票价格、设计程序找出高于平均价格的股票、设计程序分析历史股票价格、编写函数提取股票价格特征、设计程序将股票价格数据存入文件、Python 综合应用案例。

本书内容实用，结构清晰，案例丰富，可操作性强，可作为计算机相关专业的培训教材和自学教材。

图书在版编目（CIP）数据

Python程序设计基础 / 王祥荣主编. -- 北京 ：中国水利水电出版社，2025. 2. -- ISBN 978-7-5226-3255-1

Ⅰ．TP312.8

中国国家版本馆CIP数据核字第2025P9Y893号

书　　名	**Python 程序设计基础** Python CHENGXU SHEJI JICHU	
作　　者	主　编　王祥荣 副主编　孟　赟　王景丽	
出版发行	中国水利水电出版社 （北京市海淀区玉渊潭南路 1 号 D 座　100038） 网址：www. waterpub. com. cn E - mail：sales@mwr. gov. cn 电话：(010) 68545888（营销中心）	
经　　售	北京科水图书销售有限公司 电话：(010) 68545874、63202643 全国各地新华书店和相关出版物销售网点	
排　　版	中国水利水电出版社微机排版中心	
印　　刷	清淞永业（天津）印刷有限公司	
规　　格	184mm×260mm　16 开本　11.25 印张　280 千字	
版　　次	2025 年 2 月第 1 版　2025 年 2 月第 1 次印刷	
印　　数	0001—3000 册	
定　　价	**42.00 元**	

前　言

在党的二十大报告中，习近平总书记强调了办好人民满意的教育的重要性，其中通识教育是实现这一目标的关键。随着科技创新的迅猛发展，我们的生活和工作方式正在经历着前所未有的变革。在这样的大背景下，本书致力于计算机通识教育，旨在普及计算机基础知识，推动以计算机科学为核心的多学科交叉融合，培养适应高科技发展的综合型人才，为实现人民满意的教育贡献微薄的力量。

Python，以其简洁、高效和功能强大而闻名，已经成为全球广泛使用的编程语言之一。为了响应新时代的号召，培养具备信息技术素养的人才，我们精心编写了这本《Python 程序设计基础》教材，旨在为初学者提供一个全面而系统的学习平台。

本书在内容编排上，以应用案例为主线，串接 Python 程序设计的各个关键知识点，力求完整而又能体现应用场景，每一章节都经过精心设计，以确保读者能够循序渐进地掌握 Python 编程的精髓。本书的主要内容和章节安排如下：

第 1 章　计算机数据处理，以股票数据处理过程为例，主要介绍 Python 编程环境和 Shell 的简单使用，引导读者了解计算机处理数据的基本流程，同时介绍 Python 编程环境，并介绍如何使用 Shell 进行基本交互操作，为后续的学习夯实基础。

第 2 章　股票价格数据存储处理，主要介绍如何存储数据以及如何进行输入/输出及其他基本操作，包括基本的数据类型和基本运算、数据的变量。

第 3 章　设计程序预测股票价格，主要介绍分支程序设计的基本概念，包括简单的 if 语句和多分支程序设计，并通过案例分析加深理解。

第 4 章　设计程序找出高于平均价格的股票，通过股票价格处理的案例介绍 for 遍历循环、while 条件循环、循环嵌套以及循环设计技巧。通过深入浅出的案例设计，使读者逐步掌握常用循环的设计技巧。

第 5 章　设计程序分析历史股票价格，通过股票历史数据的存储处理介绍列表、字典、元组、字符串和集合等 Python 中的容器类型，再通过大量案例介绍各种容器的常用函数。

第 6 章　编写函数提取股票价格特征，主要介绍如何定义和调用函数，包括参数传递规则、全局变量和局部变量以及递归函数，通过案例着重介绍函数的常见设计方法。

第 7 章　设计程序将股票价格数据存入文件，主要介绍文件的读/写操作和异常处理机制，帮助读者编写更加健壮和安全的程序。

第 8 章　Python 综合应用案例，主要介绍典型的应用案例，包括 Turtle 时钟、Tkinter 窗口应用和 matplotlib 数据可视化等综合案例，融会贯通各部分知识，重现各个知识点的实际应用场景。

本书由王祥荣担任主编、孟赟和王景丽担任副主编。第 1～4 章由孟赟编写，第 5～8 章由王祥荣编写，王景丽参与了本书编写的策划并提供了宝贵意见。

我们希望这本书能够帮助读者掌握 Python 编程的基础知识，激发他们对编程的热情，并在实际工作中发挥重要作用。

本书在编写的过程中，特别感谢宁波财经学院的计算机课程组的老师，他们为本书提供了大量的素材和案例，也感谢数字技术与工程学院的各位领导为本书的付出。

由于编者水平有限、时间仓促，书中难免会有不妥之处，请发送电子邮件：wangxiangrong@nbufe.edu.cn 与我们取得联系，敬请读者及同仁的批评和指正！

作者
2025 年 1 月

目　录

第 1 章
计 算 机 数 据 处 理

学习目标

◇ 能够说出计算机各个部件的功能，能表达出计算机处理数据的流程。
◇ 了解 Python 语言的优势。
◇ 能在个人计算机上安装并运行 Python 的环境。
◇ 能够打开 Shell 并正确运行一条 Python 指令。
◇ 能够正确书写 Python 字符串的语法规则，能运行简单的数学表达式指令，并说出各个语法部件的作用。
◇ 能够用 print() 函数正确输出一个字符串。

1.1 计算机处理数据流程

本节首先介绍计算机基本的工作原理，回答计算机是什么与能做什么的问题。接着通过介绍与计算机沟通的语言-Python，回答如何去让计算机做事情。学懂本节的内容，你就能知道计算机用简单的基本命令如何构筑庞大的软件系统。

计算机最核心的功能就是加工处理数据。把计算机比作产品加工厂，待加工的数据就是源材料，加工后的数据就是产品。待加工的数据需要有个仓库来存放一下，这个仓库就是存储器。工厂加工产品需要用到加工中心、仓库以及源材料，同理计算机处理数据也需要加工中心（计算机的中央处理器）、仓库（存储器）和源材料（数据）。本章以股票数据为例，介绍计算机是如何加工数据的。

假如我们要求计算机把某只股票近三日的股票开盘价格求一个平均值，那计算机是怎么处理这个问题的呢？首先你得准备好数据，在这个问题中，近三日这只股票的开盘价格就是待处理的数据。现在假设近三日股票价格分别为 15.6、15.9、17.8。准备好数据以后，第二步得想办法将这些数据输入到计算机中去。计算机处理数据的过程如图 1.1 所示。

首先需要做的是通过输入设备把数据存储到存储器中去。例如使用键盘把数据录入到计算机的存储器中。后续的操作完全由计算机接管一切处理过程。计算机首先需要把存储器中的数据送入 CPU 进行处理，然后将处理结果送回到存储器，再由存储器送到输出设备。这一系列的处理过

图 1.1　计算机处理数据的过程

程由计算机根据储存的指令自动完成，无需人工干预。值得注意的是计算机一切操作都需要根据指令执行，无法自主判断并执行。这时候需要程序设计人员编制程序指令存入存储器，从而驱动计算机执行。书中讲的编程实际上就是"编制命令"这个词的专业说法。

　　了解了计算机的工作过程，我们再来看看编程到底要干什么。我们平时都是通过单击鼠标或者操作键盘控制计算机。这种控制是调用指令集，指令集再指导计算机完成任务。因此我们可以重新编排指令控制计算机，使得计算机完全按照我们的想法执行动作。可见，编程的目的是要控制计算机按照某个意图进行工作，因此需要学习计算机能够识别理解的指令，这就是编程语言。编程语言是人类（程序员）与计算机沟通的语言，本书中要学习的语言是 Python 程序设计语言。

　　与我们人类之间的沟通语言类似，计算机语言有语法来规定沟通的方式方法，区别是人类的语言可能会有歧义，有潜台词，同一个意思可以有很多种表达方式，但是计算机语言的任何一个指令（相当于人类的说的句子或词组）都是有明确含义的，不存在模棱两可的情况。Python 与其他编程语言相比，更接近我们人类的理解，学习起来也相对更容易一些。

　　计算机能够识别的命令，称为指令。一系列指令组合在一起形成一个计算机需要完成的功能，称为程序。编制程序与编制计划很不同。编制的计划可能无法按照预期达到目的，例如今天上课要求大家带笔记本，做好笔记，但是仍然会有不少同学做不到。但程序指导计算机工作就不存在这种问题，计算机会严格按照你编制的程序执行，不会出差错。这也就意味着程序员编制计算机程序需要通过各种方法途径确保程序能够被正确执行。只要编制的程序没有错误，那执行程序的计算机肯定不会出错。

1.2　编程学习的技巧

　　计算机编程语言的学习核心是指令的组织能力。相对于学习人类语言，计算机语言的学习更简单。①计算机语言仅需要记忆几十个用英语表达的关键词；②需要记忆少量的语法结构，比如表达式的书写，数据的表示格式、函数的设计和调用等；③需要花费学习者大量时间的是程序逻辑的设计、阅读和理解，这需要通过不断地编制实例程序来熟练掌握常用的设计模式，才能在解决实际问题中灵活应用，写出符合实际需要的程序。Python 语言的语法更接近自然语言，按照日常生活的经验及自然语言的组织逻辑去推断，写出正确的程序指令，大大提高了编程语言的学习效率，使得学生能够花更多的时间在培养编程思维上。从学习角度看，初学者可以将书中的程序案例在计算机上进行验证，观察程序的运行过程，再逐条拆解，交互式运行，很容易便可掌握核心指令的运行规律。相比于 C/C++ 等语言，Python 语言运行环境对其他库的依赖极少，指令间依赖少，能够独立运行各部分程序，甚至可以每条指令独立运行，减少了学习的时间成本。

　　随着编程基础不断地夯实，可以通过小型的应用程序（贪吃蛇、扫雷等）的开发，逐步掌握软件开发的基本方法。通过阅读经典的优秀程序也是提高编程技能的重要方法。另外，在学习编程中，需要养成良好的注释、缩进、变量命名等编程习惯。

编程学习最花时间的是程序的调试。所谓调试，就是检查错误、定位错误、改正错误。由于计算机的辅助检查，语法错误是比较容易发现并纠正的，逻辑错误才是调试的主要对象。当程序能够运行，但是运行的结果与编程人员预想的结果不一致，就称为逻辑错误。排除程序错误最基本的手段就是需要积累编程的经验，通过自己的经验判断程序错误的原因。随着编程水平的提高，调试排错也有很多工具可以使用，比如很多编程软件中都有的单步调试、模块调试，等等。总而言之，学习编程是困难和枯燥的，但是程序编写成功带来的快乐也是别人体会不到的。

1.3　为什么要选择 Python

入门语言选择的首要标准是要对初学者友好，主要体现在安装友好，语法与自然语言接近，能够用较短的代码实现复杂绚丽的效果，增强学习者的动力，激发学习兴趣。另外，还需要使用者多，能够与各种应用无缝对接，没有兼容的烦恼。目前这个最优的选择就是 Python 语言。

Python 用接近自然语言的语法，简短的语句编写出复杂的需要多个功能模块配合的程序，令新手也能体验到专业程序员的成就感。简单易学是 Python 的主要特色。Python 语言的语句独立性强，检查定位错误比较容易，语言代码之外的错误很少影响到编程本身的学习。Python 程序的运行不像 C/C＋＋那样需要将代码包在 main 框架下运行，需要编写框架才能运行，Python 是解释型语言，一个指令都可以在交互平台上运行得到结果，所见即所得。这对于初学者十分友好，每条指令都可以先验证效果，再在程序中使用，避免了复杂的诊断、找错误的过程。

Python 面向对象的特性使得学习者不用切换语言便可以学习到当前最流行的软件开发思想。Python 语言对面向对象的支持使得 Python 能够与主流软件开发兼容，对大型程序开发的原型迭代、模拟有更好的支持。

开源免费是选择 Python 的另一个重要因素。无需购买各种软件开发插件平台便可以轻松开发，不用担心使用 Python 的软件库而侵犯版权的问题。对于软件开发者来说，这种吸引力无疑是巨大的。正因为 Python 开源社区的支持，使得 Python 技术不断发展丰富。

Python 语言的解释器能够极大地提高程序运行的效率，减少开发过程中查询各种函数接口、阅读技术文档，用解释器进行测试相关效果非常方便简单。

Python 语言的第三方库非常丰富，前沿的深度学习库、软件开发库都有非常完备，使用安装简单，调用方便，极大地提高了开发者的效率。

1.4　安装 Python 3. X

Python 的版本主要分为 Python 2 系列与 Python 3 系列，两者语法差别较大，且 Python 2 系列是比较早的版本，现代主流采用的都是 Python 3 系列的，因此本书采用

Python 3 的语法作为讲解的载体。Python 3 各个子版本之间都有少量的改进，但是基础的语法基本上都是向前兼容的，对于初学者来说，各个子版本之间的差别不影响学习。

在开始 Python 编程前，需先从 Python 官网下载并安装 3.7 及以上版本的 Python，选择与电脑操作系统及字长（32 位或 64 位）相匹配的版本。

下载完成后，得到一个 .exe 的文件，默认放在"下载"文件夹内可直接双击文件图标，弹出如图 1.2 所示的安装界面，单击 Install Now，可进行下一步安装，正在安装界面如图 1.3 所示。

图 1.2　Python 安装界面

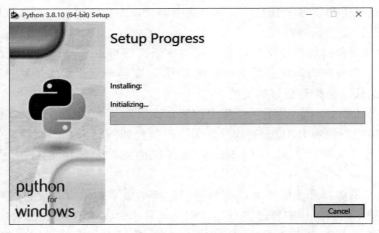

图 1.3　Python 安装过程界面

完成安装后，可以通过单击"开始"菜单，找到已安装的 Python 3.8 文件夹，单击可以看到有三项内容，如图 1.4 所示。单击 IDLE（Python 3.8 64bit），可以打开 IDLE shell，键入代码可以直接看到运行结果。

为方便读者的编程训练，本书以 PTA 平台作为训练的平台，读者只需将编写完成的代码复制粘贴至 PTA 平台进行系统评判，可以知道代码是否编写正确。PTA 平台界面如

图 1.5 所示，读者可以自行注册账号，打开个
人中心页面，单击"我的绑定"，输入教师给定
的学号和绑定码与教师账号的用户组关联绑定，
即可看到教师发布的题目集。如果读者是自学，
也可以将平台上的固定题目集作为平时训练编程
的习题。

　　下面演示一个程序的编写及在 PTA 上的提
交过程，供读者参考。假如需要程序编制的要
求是打印输出"Hello World!"。首先打开安装
完成的 Python 中的 IDLE，在脚本文件中编写程
序，完成编写的程序如图 1.6 所示。程序只有一
行，我们只需将该程序复制，打开 PTA 平台对
应的题，并粘贴到代码框内提交，平台就能自动
评判程序的对错，如图 1.7 所示。

图 1.4　打开 Python 应用

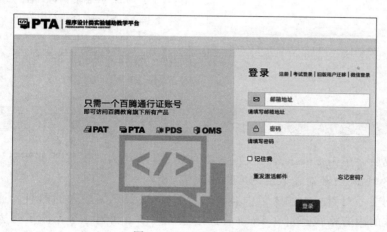

图 1.5　PTA 平台界面

图 1.6　Python 脚本程序示例

图 1.7　PTA 代码提交界面

1.5　Python 的交互式 Shell 编程

Python 3.8 安装完成后，单击 Windows 系统左下角的 Windows 菜单按钮，弹出"开始"菜单，找到 Python 3.8，再单击 IDLE，得到如图 1.8 所示的 Shell 界面。

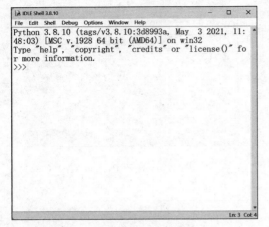

图 1.8　Python Shell 界面

我们首先需要学习了解如何使用 Shell 执行一条指令。字符串以及数学运算指令是 Python 中最容易掌握的两种指令格式。Python 程序中，所有数据的最初始形式都是字符串，这是使用最频繁的一种数据格式。在程序中，用一对引号将一系列符号括起来就是一个字符串，左引号表示字符串数据的开始，右引号表示字符串数据的结束。

下面向 Shell 环境中输入一些满足 Python 语法的字符串，看看 Shell 会做出什么反应。例如在提示符"＞＞＞"后面输入 'Hello World'。

```
>>>'Hello World'
```

输入完成后，单击 Enter 键，发现 Shell 并没有做什么，仅仅是重新显示我们输入的内容，表明 Python 已经对输入的内容做出反应了。

刚才我们在一对引号中输入了内容，然后 Python 显示了输入的内容。这表明 Python 认为我们输入的内容格式是符合 Python 的语法规则的。再看一个不满足语法规则的。

```
>>> 'Hello'world'
SyntaxError：invalid syntax
```

由于输入了三个引号，Python 解释器会认为前两个引号组成一对，其中的内容是字符串，但是从第二个引号之后一直到第三个引号为止，解释器认为是无效的符号引用，因此提示非法的符号引用。

用＋、－、＊、/表示的数学表达式能够作为 Python 指令直接运行。需要注意乘法和除法与数学上的符号不一样。为更进一步了解 Shell 的运行，我们再举一个例子。在提示符"＞＞＞"后输入 3＊4。

```
>>>3*4
```

输入后，再按 Enter 键，我们看到显示的是 12。这是一个 Python 指令，"＊"在这里相当于数学上的乘法，输入的指令的含义是将 3 与 4 两个数进行乘积。Python 对这个指令进行分析，检查发现没有语法错误，因此将指令解释为乘积，并将结果进行显示。这个指令涉及的 3、4、12 等数值在 Python 中称为整型，相当于数学中的整数，是不同于字符串的另外一种数据类型。

通过以上两个简短的指令大概了解了 Shell 的基本使用方法。"＞＞＞"是指令提示符，程序员可以输入指令，按 Enter 键结束，告诉解释器可以启动对指令的解释并执行，最后显示指令的执行结果或者是提示指令的错误。

1.6　Python 的字符串简单使用

从前面的示例中可以看到，字符串是 Python 语言的一种数据类型。用一对引号包裹起来的任意符号序列，Python 解释器将其识别为字符串类型的数据。在 Python 中，所有输入到程序中的原始数据都是字符串。根据字符串的内容及后续计算需要，转化为其他类型的数据。数据类型是数据在计算机中的存储格式。不同类型的数据，运算的规则是不同的，含义也截然不同。例如，在 Shell 中输入 "1+1" 得到的结果是 2。如果输入的是 "'1+1'"，结果就不一样，如下的代码所示。这是由于这两个指令的含义是不同的。不加引号，1 就表示整数 1，"＋"表示 Python 的加法指令。加引号，含义变为字符串，其中的 "1" 是字符不是整数，"＋"也是字符，并不是操作指令。

```
>>> 1+1
2
>>> '1+1'
'1+1'
```

后面的学习中，我们将会了解更多的数据类型，需要读者去体会数据类型的重要性。本节我们需要知道字符串是由字符序列构成的数据类型，字符可能是一个字母，也可能是数字、键盘上出现的其他符号。例如 "Hello，Python"、'3＊9－4'、'I like to eat 4 apples!'、'!＠#＄%^＆＆＆' 都是字符串。Python 中要表示一个字符串时，需要把字符串的内容放入一对引号中间，引号可以是单引号（'）、双引号（''）或者三引号（'''），由于单引号是最容易从键盘输入，因此最常用。当然，在不同的代码环境中，可能只能用单引号、双引号或三引号。字符串的第一个引号表示的含义是字符串的开始，后面那个与之相对的引号的含义是字符串的结束。举个例子：指令 'I' ＋ 'love' ＋ 'you' 包含三个字符串以及两个加的指令，我们之所以知道这是三个字符串是因为我们知道 Python 中引号表示字符串的开始和结束，Python 解释器也是这么去推断这个指令的。三个字符串中间的 "＋" 是字符串的加，在 Python 中表示字符串连接。以上指令的结果是 'Iloveyou'。

字符串中如果包含引号，那么表示字符串开始和结束的引号必须与这个包含的引号不一样，否则出现语法错误。例如，编程在 Python 中表示以下字符串：I can't find it. it's over there! 那我们如果用单引号来表示这个字符串的开始和结尾的话，就得到如下的表示：'I can't find it. it's over there!'计算机无法识别哪个单引号是字符串的结尾，那也就无法判断这里有几个字符串。因此，以上表示的字符串只能用双引号或三引号进行包裹。

1.7　使用 print()函数输出内容

print()函数是 Python 中最常用的函数型指令，其功能是将存储器中的数据以字符序列形式显示出来。print()函数的语法格式为 print 名称后面加一对小括号，小括号内放置需要显示的数据。例如在 Python 的 Shell 中执行以下指令，并按 Enter 键。

```
>>>print ('Hello，Python')
```

那么可以得到如下结果。

```
Hello，Python
```

与前一节直接输入字符串的指令的例子不同，这个结果没有引号。print()函数是将字符串这个数据的内容进行提取并显示，执行结果已经不是 Python 代码，不需要用 Python 的语法结构表示这个结果。如果直接在提示符后输入字符串，属于 Python 的指令，需要 Python 解释器进行翻译，必须满足 Python 指令的语法。再举一个 print()函数的例子。

```
>>>print ('Hello', 'world')
```

运行结果为：

```
Hello world
```

从运行结果可以看出，print()函数可以将两个字符串进行串联后输出，中间以空格作为两个字符串内容的间隔符。

至此，我们已经可以通过 print()函数编写简单的程序了！

1.8　程序的注释

Python 语言与其他高级编程语言一样，提供了多种注释方式，方便程序员之间的交流，增强程序的可读性。

Python 语言提供的第一种注释方式为行内注释，也就是这种注释方式是不能跨行的，一般适用于比较简短的注释，针对一行或者几行程序的功能性注释。具体格式是用"#"

开头，后面添加注释内容，参考如下：

```
♯这是一行注释
```

"♯"后面的内容不再作为程序指令的一部分进行解释执行，而是提供给程序检阅者查看。

第二种注释方式是多行注释，一般适用针对整个程序或者一个模块的功能解释。例如介绍整个程序文件实现的功能，提供什么功能，面向什么对象，特色功能是什么。具体的格式是用' ' '将注释的内容进行包裹，参考如下。

```
"""    turtle-example-suite:
        tdemo_ bytedesign. py
An example adapted from the example-suite
of PythonCard's turtle graphics.
It's based on an article in BYTE magazine
Problem Solving with Logo：Using Turtle
Graphics to Redraw a Design
November 1982，p. 118 - 134
————————————————————————————————————————
Due to the statement
t. delay (0)
in line 152，which sets the animation delay
to 0，this animation runs in " line per line"
mode as fast as possible.
"""
```

以上是 TurtleDemo 程序的介绍性注释，采用多行注释的方式介绍了代码的功能、来源、采用的算法、部分代码的特性。

1.9　本章小结

本章主要从股票数据处理的应用场景自然引出计算机工作的基本原理、计算机处理数据的基本过程，从而进一步介绍指令编写、程序设计的来由；接着介绍 Python 语言的优势、学习 Python 的理由；然后介绍 Python 的安装、Python 程序的演示，了解基础的字符串数据的输出，从直观上理解程序的运行过程；最后介绍程序的注释。

习　　题

一、填空题

1. Python 可以在多种平台运行，这体现了 Python 语言的_____性。

9

2. Python 中，使用 ＿＿＿＿＿＿＿ 表示单行注释。

3. Python 是一种 ＿＿＿＿＿＿＿＿ 的高级语言。

二、选择题

1. Python 是（　　）语言。

    A. 编译型　　　　　　B. 解释型　　　　　　C. 汇编　　　　　D. 机器

2. 用户程序编写的 Python 程序，无需修改就可以在任何支持 Python 的平台上运行，这是 Python 的（　　）特性。

    A. 面向对象　　　　　B. 可扩展性　　　　　C. 可移植性　　　D. 可嵌入性

3. 下列不属于 Python 特性的是（　　）。

    A. 简单、易学　　　　B. 开源的、免费的　　C. 属于低级语言　　D. 具有高可移植性

4. 以下 Python 注释代码，不正确的是（　　）。

    A. ＃Python 注释代码　　　　　　　B. ＃Python 注释代码 1＃Python 注释代码 2

    C. ''' Python 文档注释 '''　　　　D. //Python 注释代码

5. 关于 Python 语言的描述正确的是：Python 是一种（　　）。

    A. 操作系统　　　　　　　　　　　B. 数据库管理系统

    C. 结构化查询语言　　　　　　　　D. 高级程序设计语言

6. Python 内置的集成开发工具是（　　）。

    A. PythonWin　　　　B. Pydev　　　　　　C. IDLE　　　　　D. IDE

7. Python 用于（　　）。

    A. Web 开发（服务器端）和软件开发　　B. 科学计算和人工智能

    C. 云计算　　　　　　　　　　　　　　D. 以上都是

8. Python 输出 Hello World 的正确程序是（　　）。

    A. print（"Hello，World!"）　　　　B. printf（"Hello，World!"）

    C. console（"Hello，World!"）　　　D. put（"Hello，World!"）

9. Python 程序的文件扩展名为（　　）。

    A. .txt　　　　　　　B. .lib　　　　　　　C. .dll　　　　　D. .py

10. 在 Python 中安装包的工具为（　　）。

    A. yum　　　　　　　B. get　　　　　　　C. pip　　　　　D. wget

三、简答题

1. Python 语言的特点有哪些？

2. 如何使用 Python 的 print() 函数输出字符串 "I love Python"。

3. Python 的注释与程序有什么不同？

4. 简述 Python 程序的执行流程。

5. 简述 Python 交互式编程与文件式编程的区别。

第 2 章
股票价格数据存储处理

学习目标

◇ **理解基本数据类型**：掌握 Python 中的基本数据类型，如整数（int）、浮点数（float）、字符串（str）、布尔值（bool）等，能够识别和使用这些数据类型进行简单的运算和操作。

◇ **掌握变量的使用**：学习如何定义和使用变量，理解变量的命名规则和作用域，能够在程序中有效地存储和管理数据。

◇ **熟悉输入/输出操作**：掌握使用 input() 函数获取用户输入和使用 print() 函数输出信息的基本方法，能够实现简单的交互式程序。

◇ **理解数据类型转换**：学习如何在不同数据类型之间进行转换，如将字符串转换为整数或浮点数，理解转换的必要性和常见场景。

◇ **掌握基本运算符和表达式**：了解 Python 中的基本运算符（如算术运算符、比较运算符、逻辑运算符等），能够使用这些运算符构建简单的表达式并进行计算。

2.1 股票交易数据

数据存储和处理是计算机最主要的功能。理解计算机存储数据和处理数据的过程是程序设计的必要基础。计算机能够处理的一切对象都是数据。"数据"是指计算机能够存储和处理的信息。数据有多种形式的，如数字、文本、图像、声音等。需要注意的是，程序也是作为一种数据存储在计算机中。不同种类的数据以不同的方式存储在计算机中，处理的手段也不尽相同。本章将以我们能够理解的数值型数据的存储处理为出发点，介绍 Python 存储处理数据的过程。表 2.1 是真实的股票交易数据，计算机能够以某种结构和类型存储这些数据，并根据要求进行处理。

表 2.1   股票交易数据

date	open	high	close	low	volume	p_change
2017/1/3	9.11	9.18	9.16	9.09	459840.47	0.66
2017/1/4	9.15	9.18	9.16	9.14	449329.53	0
2017/1/5	9.17	9.18	9.17	9.15	344372.91	0.11
2017/1/6	9.17	9.17	9.13	9.11	358154.19	−0.44
2017/1/9	9.13	9.17	9.15	9.11	361081.56	0.22
2017/1/10	9.15	9.16	9.15	9.14	241053.95	0
2017/1/11	9.14	9.17	9.14	9.13	303430.88	−0.11

续表

date	open	high	close	low	volume	p _ change
2017/1/12	9. 13	9. 17	9. 15	9. 13	428006.75	0.11
2017/1/13	9. 14	9. 19	9. 16	9. 12	434301.38	0.11

观察表 2.1 可以发现，其中有包含股票价格的小数型数据，也有类似整数的日期数据。值得一提的是，表格第 1 行的列名称也是一种数据，由符号序列构成，在程序中一般称为字符串的数据类型，在第 1 章中有介绍，本章将具体地进行阐述。

除了数据类型，本章还将重点介绍处理数据的基本运算指令、处理函数等。

2.2　标识符、保留字和赋值语句

计算机程序是指令的有序组合得到的集合。程序通过一系列自定义的符号及固定的指令符号构成一个处理数据的逻辑功能单元，便可以指导计算机对数据进行处理，最后在终端呈现处理的结果。换句话说，程序是对处理数据过程的抽象。这里的抽象就是用一些符

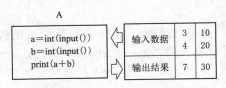

图 2.1　变量在程序中的作用示例

号序列构成的标识符来表示数据。这样表示的好处是不改变程序的情况下，可以处理不同的数据。如图 2.1 所示，程序 A 在第一次运行中，输入 3 和 4，得到结果 7；同样的程序无需修改，再次运行时，输入 10 和 20，结果为 30。可以看到，程序对于不同的数据输入，是可以保持不变的，这是因为程序

对数据做了"抽象"，也就是用标识符来表示数据。在图 2.1 中，a 表示输入的第一个数，b 表示输入的第二个数。

2.2.1　标识符

在程序编写过程中，用标识符组成的不同"标签"表示不同的数据，把数据抽象成标签，减少对具体数据的依赖，需要的时候引用这些"标签"即可。更通俗地说，我们给这些数据取了"名字"，把这些名称都称为"标识符"。标识符的命名规则如下：

（1）每个标识符必须由字母、数字、下划线组成。

（2）首字符不能是数字。

（3）不能使用关键字（也称为"系统标识符""保留字"）作为用户标识符。

（4）区分大小写。Python 语言对大小写字符敏感，"Name"和"name"是不同的变量名。

在这里，我们用定义的标识符表示数据，一般称这些标识符为变量，因为同样的标识符可以贴到其他数据上，就像超市中的货物标签，卖完货架上的商品，可以增补新的商品，这样就能用同一个货物标签指代不同商品。在后面的章节中，标签还可以表示函数的名称，函数部分再详细介绍。

2.2.2　保留字

保留字（keyword），也称关键字，指被编程语言内部定义并保留使用的标识符。程

序员编写程序不能命名为与保留字相同的标识符。Python 3.X 版本共有 33 个保留字，见表 2.2。与其他标识符一样，Python 的保留字也是大小敏感的，如 True 是保留字，但 true 不是保留字。

表 2.2   **Python 的 33 个保留字**

False	def	if	raise
None	del	import	return
True	elif	in	try
and	else	is	while
as	except	lambda	with
assert	finally	nonlocal	yield
break	for	not	class
from	or	continue	global
pass			

2.2.3 赋值语句

前面我们已经了解到变量表示的数据是可以变的。换言之，变量标签可以贴到不同的数据上。例如，你可能想使用变量 n 来表示整数 3 这个数据，为此执行如下代码：

```
>>>n = 3
```

我们用等号"＝"来表示赋值（标签贴到对应的数据），因此，对变量进行赋值的代码称为"赋值语句"。Python 中的变量不需要声明，每个变量在使用前都必须赋值，变量赋值以后该变量才会被创建。赋值语句的一般格式如下：

```
<变量>＝<表达式>
```

示例代码如下：

```
>>> n = 100
>>> s = 'hello'
>>> a, b=1, 2
>>> a
1
>>> b
2
>>> x＝y＝10
>>> x
10
>>> y
10
```

Python 允许出现单个对象同时赋值给多个变量，也允许出现多个对象同时一对一赋值多个变量。

2.3　数据分类型存储

根据数据的不同性质和形式，Python 基本数据类型由数值类型、布尔类型和字符串类型三种组成。其他更加复杂的数据都由这三种基本类型的数据组合进行表示，例如图像由整数表示颜色强度，再以一定的空间布局排列而成。下面分别介绍这三种基本数据类型。

2.3.1　数值类型

Python 语言提供了三种数值类型：整数类型、浮点数类型和复数类型，分别对应数学中的整数、实数和复数。

2.3.1.1　整数类型 （int）

整数类型通常称为整型或整数，包括正整数、0、负整数，均不带小数点。一般来说，Python 3 中的整型没有限制大小，可以是任意大小。例如：100、0、−500 都属于整数类型。在 Python Shell 的窗口中键入命令便可让 Python 解释器解释执行，结果显示在窗口中，具体代码如下：

```
>>> n = 100
>>> type（n）        ♯type 获取数据类型
<class 'int'>
>>> id（n）          ♯id 获取内存地址
140709329209504
```

整数有十进制、八进制和十六进制三种不同的进制表示形式。八进制数只需在整型数值前加前缀 0o，例如 0o21 表示的八进制数对应的十进制数为 17。在数值常量前加"0x"表示十六进制的数，例如 0x20 对应的十进制整数为 32。

Python 提供了一组函数获取各个进制整数。十进制转八进制用 oct() 函数，十进制转十六进制用 hex() 函数，十进制转二进制字符串使用 bin() 函数。下面的代码示例了各种进制整数之间的转化关系。

```
>>> int（'0o32', 8）
26
>>> int（'0x32', 16）
50
>>> oct（10）
'0o12'
>>> hex（32）
'0x20'
>>> bin（10）
```

```
'0b1010'
>>> int (0o32)
26
>>> int (0x32)
50
```

2.3.1.2　浮点数类型（float）

浮点数类型用于表示小数的数值，如 3.14159、25.0、－31.56 等。浮点数除了常规的小数点表示的形式外，还有科学计数法的表示形式，例如 2E－3 表示 0.002，3.14e－2 表示 0.0314。

```
>>> m = 3.14159
>>> type (m)        #type 获取数据类型
<class 'float'>
>>> id (m)          #id 获取内存地址
1989145865328
>>> 1e-2
0.01
```

2.3.1.3　复数类型

复数类型的数据由实部（real）和虚部（imag）构成。在 Python 中，复数的虚部以 j 或者 J 作为后缀，具体形式为：a＋bj；其中：a 和 b 都是浮点数，分别代表实部和虚部，j 代表虚数单位；当 b＝1 时，虚数单位 j 不能省略，如：1－1j，不能写为 1－j。复数的属性说明见表 2.3。

表 2.3　　　　复数的属性说明

属　　性	描　　述
num. real	该复数的实数部分
num. imag	该复数的虚数部分
num. conjugate()	返回该复数的共轭算数

利用 Shell 查看复数的代码如下所示。代码中演示了复数的基本运算、复数实部和虚部的获取方法。其他运算可以依次类推。

```
>>> acomplex = 1.56 + 2.34j
>>> acomplex
(1.56+2.34j)
>>> acomplex - bcomplex
(0.56+3.34j)
>>> acomplex. real
1.56
>>> acomplex. imag
2.34
>>> acomplex. conjugate()
(1.56-2.34j)
```

2.3.1.4　布尔类型（bool）

布尔类型是整型的子类型，只有 True 和 False 两个值（需注意大小写）。在 Python 中，当布尔类型数据转换为数值类型数据时，False 转换为 0，True 转换为 1。

2.3.2　字符串类型（str）

字符串是 Python 中最常用的数据类型，其数据内容是一串符号序列。除了基本数值类型的数据，最常见的就是字符串数据。Python 中，从输入设备得到的原始数据都是字符串，程序处理的结果也需要转化为字符串类型进行输出。可见，字符串在程序中占据重要地位。字符串的基本创建方法在第 1 章中已经介绍过了。本节将进一步介绍其他基本类型的数据插入到字符串中的基本方法。

首先，我们很容易创建一个字符串并用变量表示，例如：var1 = 'Hello World!'。但是程序中一般需要将大量的数值型数据处理后转换为字符串后形成一定的格式，再由输出指令显示在终端控制台上存储至文件中。Python 中的字符串格式化就是为这个目的设计的。

2.4　字符串格式化

字符串格式化是指将其他基本类型的数据插入到指定格式字符串中，实现将数据按照指定的格式转化为最终的字符串的过程。格式化字符串一般有三种不同的方法，分别是占位符法格式化、format 函数格式化、f-string 法格式化。

2.4.1　占位符格式化

占位符格式化字符串是仿照 C 语言的字符串格式化风格，用"％"加上格式字符表示数据需要占据的位置，不同的数据基本类型使用不同的符号，具体可以参考表 2.4。

表 2.4　　　　　　　　　　　　　　常用的格式化占位符

格式化占位符	数据类型	格式化占位符	数据类型
％d	十进制整数	％x	十六进制整数
％f	十进制浮点数	％o	八进制整数
％c	字符	％e	科学计数法表示的浮点数
％s	字符串		

格式化的基本语法格式如图 2.2 所示，"％"前面是格式化字符串，后面是一个用括号包起来的数据列表，数据之间用逗号分隔。占位符根据需要放在格式化字符串的适当位置，以满足特定格式的要求。其中有一个语法点需要特别注意，格式字符串中的占位符"％＋类型字符"数量必须与数据列表中的数据个数相同，而且占位符的顺序、类型必须跟数据列表中的数据顺序、类型严格对应。

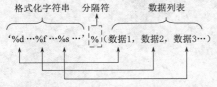

图 2.2　占位符格式化字符串语法格式

通过学习以下示例代码，可以掌握这种格式化的基本用法。

```
>>> n=10
>>> f=3.1415926*2**2
>>> s='result'
>>> r='number:%d,%s:%.2f'%(n,s,f)
>>> r
'number: 10, result: 12.57'
```

代码中的三个数据变量 n、f、s 分别为整数、浮点数以及字符串，格式化后的字符串用变量 r 表示。具体到格式化串中，%d 对应变量 n，%s 对应变量 s，%.2f 对应变量 f。其中变量 f 插入字符串时，参数.2f 控制变量 f 小数点后的位数。控制位数的完整语法是%m.nf，其中 m 表示格式化数据的总位数，n 表示小数点后面的位数，在本例中 m 被省略。m 表示的总位数是数据显示所占的位数，其中的小数点也是占一位的。如果显示的数据位数小于 m，则默认以空格填补不足的占位，也可以改为 0 作为位数不足的占位符。类似地，整数、字符串类型的格式化也可以指定相应的位数。请参考以下示例代码：

```
>>> '%05.2f'%3.14
'03.14'
>>> '%-05.2f'%3.14
'3.14 '
>>> '%10d'%1234
'      1234'
>>> '%010d'%1234
'0000001234'
>>> '%10s'%'abc'
'       abc'
>>> '%010s'%'abc'
'       abc'
```

以上代码中，第 1 个例子用 05.2f 对浮点数 3.14 进行格式控制，由于格式要求总位数占 5 位，而 3.14 只有 4 位，因此输出的时候需要左边填补字符，05 表示填充的是 0，所以结果为 03.14。第 2 个例子仍然是对 3.14 进行格式化，不同的是"%"后面有"一"，表示在数据的右边补不足的位置，而且只能用空格填补，0 在本例中是无效的。

第 3、第 4 个例子是整数的格式化控制。第 5、第 6 个例子是将字符串类型的数据格式化到格式化字符串中。可以看出，如果格式要求的位数大于字符串位数，只能填充空格。

2.4.2 format( )函数格式化

相比占位格式化，format( )函数格式化具有更高的灵活性，也更加简便，是 Python

17

编程中目前使用较多的格式化方式。format()函数格式化字符串可以按照位置顺序将数据插入格式字符串，也可以按照关键字名称将数据插入字符串。

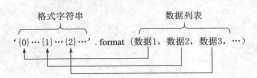

图 2.3　format()函数位置访问的语法图解

format()函数格式化的基本语法格式是按照位置将数据插入字符串，具体可以参考图 2.3 的图解。

在图中，占位符用一对大括号表示，大括号中的数字表示数据列表中的索引位置。这种方式对于占位符的顺序没有要求，因为是根据索引寻找对应的数据。其中数据列表中的索引起始位置为 0。格式化的示例代码如下：

```
>>> n=10
>>> f=3.1415926 * 2 ** 2
>>> s='result'
>>> r='number: {0: d}, {1}: {2:. 2f} '. format (n, s, f)
>>> r
'number: 10, result: 12.57'
```

从以上代码中可以看出，大括号内由两部分组成，"："后面部分是类型及格式说明，是可选的。第 1 个大括号内，用参数 0 表示占位符格式化后由数据列表中的第 1 个数据替换，"："后面的"d"表示数据是整型的。第 2 个大括号中的 1 表示数据列表中的第 2 个数据将插入这个位置，第 3 个大括号占位符中的"："后面的". 2f"表示结果保留小数点后面两位。实际上，大括号内的索引可以省略，直接按照默认的顺序引用数据列表中的数据即可。

除了按照位置参数访问，format()函数格式化还可以按关键字访问参数。与按位置参数访问方法类似，按关键字访问只是将占位大括号内的索引变成数据列表中的变量名称，其他没有任何区别，读者可以查看以下代码示例说明。

```
>>> r='number: {n: d}, {s}: {f:. 2f} '. format (n=n, s=s, f=f)
>>> r
'number: 10, result: 12.57'
```

需要注意的是，按关键字参数访问的方式中，大括号中引用的关键字参数是局部命名空间的，在 format 括号中的参数列表中，必须将实参传递给局部作用域的关键字形参，否则程序将报错。

与占位符格式化类似，在 format()函数进行格式化中也可以在实际数据占位小于格式要求的占位位数时进行填充补全，但其方式更加丰富，可以实现更多的格式效果。以下示例代码及解释阐述了这一要点。

```
>>> r=' {0：<2} + {1：<2} = {2：<2} '. format (18，9，18+9)
>>> r
'18+9 =27'
>>> r=' {0：>2} + {1：>2} = {2：>2} '. format (18，9，18+9)
>>> r
'18+ 9 =27'
>>> r=' {0： * ^10} {1： * ^10} {2： * ^10} '. format ('I'，'Love'，'China')
>>> r
'****I******** Love ***** China *** '
```

以上代码中，第 1 个例子中的格式化字符串采用左对齐，即右边补填充字符，这里的"<"表示左对齐，反过来，">"表示右对齐，就是代码中的第 2 个例子。对齐方式右边的数字 2 表示数据格式化后需要占据的位数。在第 3 个例子中，采用的是居中对齐方式，用字符"^"表示。对齐方式左边的符号表示的是填充的字符。可以看到，format()函数格式化可以指定更多的填充字符，并且对任何数据都可以指定字符进行对齐填充。

2.4.3　f-string 格式化

f-string 字符串格式化方式是 Python 3.6 版本中引入的，这种格式化方法更加简洁，使用十分方便，也更容易学习掌握。

f-string 字符串格式化是在格式化字符串前添加引导字符 f 或者 F，字符串中需要插入的数据及格式全部放入一对大括号中，省去了前面两种格式化方法的后半部分内容，使得整体更加简洁高效。语法格式可以表达为：

　　　　　f'… 〔数据 1：格式控制〕… 〔数据 2：格式控制〕…'

示例代码如下：

```
>>> n=10
>>> f=3. 1415926 * 2 * * 2
>>> s='result'
>>> r=f'number：{n：d}，{s}：{f：. 2f} '
>>> r
'number：10，result：12.57'
```

可以看到，只需在格式化字符串前添加 f 作为引导，简洁明了。这种格式化仍然使用大括号表示数据插入的位置，大括号内的信息则更加丰富，数据及格式符都放入其中。

2.5　数据的基本操作：数据运算符

Python 语言支持多种类型的运算符，可分为数值运算符、关系运算符、逻辑运算符、成员运算符、位运算符、身份运算符等。这些操作是 Python 语言的组成部分，是语言最基础的指令。

2.5.1　运算符及其运算

本节主要介绍常见的运算符及运算规则。Python 提供了 9 种基本的数值运算符，也称为算术运算符，见表 2.5。

表 2.5 　　　　　　　　　　　**Python 的 数 值 运 算 符**

运算符	描　　述	举　　例
x＋y	x 与 y 之和	x＋y，结果为 11
x－y	x 与 y 之差	x－y，结果为－7
x * y	x 与 y 之积	x * y，结果为 18
x/y	x 与 y 之商	y/x，结果为 4.5
x//y	x 与 y 之整数商，即不大于 x 与 y 之商的最大整数	y//x，结果为 4
x％y	x 与 y 之商的余数，也称为模运算	x％y，结果为 2
－x	x 的负值	－x，结果为－2
＋x	x 本身	＋x，结果为 2
x ** y	x 的 y 次幂，即 x^y	x ** y 为 2 的 9 次方，结果为 512

注　x＝2，y＝9。

具体操作如下面实例所示，每个提示符"＞＞＞"后是输入的操作指令。

```
>>> 100＋10
110
>>> 100－10
90
>>> 100/10    ♯运算的结果是浮点数
10.0
>>> 100//10
10
>>> 100//3
33
>>> 100 ％ 3
1
>>> 100 ** 3
1000000
```

2.5.2　运算符的优先级

当多个运算符同时出现在一个表达式中时，要考虑运算符的"优先级"，即先执行哪个运算符。Python 定义了每一个运算符的计算优先级，表 2.6 是部分常用运算符的优先级。

表 2.6　　　　　　　　　　**Python 的算术运算符优先级和结合性**

运算符说明	Python 运算符	优先级	结合性	优先级顺序
小括号	（　）	5	无	高 ↑ 低
乘方	＊＊	4	右	
符号运算符	＋（正号）、－（负号）	3	右	
乘除	＊、/、//、%	2	左	
加减	＋、－	1	左	

注　如果数值中有浮点类型，在混合计算时，计算结果为浮点型。

下面通过实际的案例介绍运算符的应用。

［例 2.1］已知 a＝1，b＝3，c＝2，请计算表达式 $\dfrac{\sqrt{b^2-4ac}}{2a}$ 的结果。

```
>>> a=1
>>> b=3
>>> c=2
>>> (b**2-4*a*c)**0.5/(2*a)
0.5
```

2.5.3　数值运算函数

函数不同于操作符，不属于语言层面的设计，是用 Python 编写的功能代码。Python 解释器自身提供了预装函数，称为内置函数。在这些内置函数中，部分函数与数值运算相关，见表 2.7。

表 2.7　　　　　　　　　　　　　内置的数值运算函数

函　　数	描　　述
abs（x）	x 的绝对值
divmod（x）	（x//y，x%y），输出为二元组形式（也称为"元组类型"）
pow（x，y）或 pow（x，y，z）	x＊＊y 或（x＊＊y）%z，幂运算
round（x）或 round（x，d）	对 x 四舍五入，保留 d 位小数，无参数 d 则返回四舍五入的整数值
max（x₁，x₂，…，xₙ）	x_1，x_2，…，x_n 的最大值，n 没有限定，可以为任意数
min（x₁，x₂，…，xₙ）	x_1，x_2，…，x_n 的最小值，n 没有限定，可以为任意数

具体的应用实例代码如下。

```
>>> abs（-100）
100
>>> divmod（100，3）
(33，1)
```

21

```
>>> a, b = divmod (100, 3)
>>> a
33
>>> b
1
>>> pow (4, 3)
64
>>> round (2.51)
3
>>> round (3.14159, 3)
3.142
>>> min (2, 4, 6, 1.5)
1.5
>>> max (2, 4, 6, 1.5)
6
```

2.5.4　数据类型转换与舍入

在某些情况下，数值可能需要从一种数据类型转换为另一种数据类型进行计算。接下来主要介绍基本数据类型的转换。

2.5.4.1　int()函数

在前面介绍整数时，我们知道 int()函数是用于将其他进制的整数转化为十进制整数，也可以将字符串转化为十进制整数。本节介绍的 int()函数将一个浮点数或者字符串转换为整数。如果原来是浮点数，那么就丢弃浮点值的小数部分，仅保留整数部分。具体细节可以参考如下示例代码。

```
>>> int (4.5)
4
>>> int (3.9)
3
>>> int (1.3)
1
>>> int (−2.1)
−2
>>> int (" 32" )
32
```

2.5.4.2　float()函数

float()函数将一个数值或字符串转换为浮点数类型；如果原数据类型为字符串，必须保证字符串是数值串。以下代码是该函数的使用示例。

```
>>> float (4)
4.0
>>> float (4.5)
4.5
>>> float (" 32" )
32.0
>>> float (" 9.8" )
9.8
```

2.5.4.3　round()函数

利用 round()函数可以实现四舍五入，把浮点数转换为整数。以下示例代码演示了该函数的使用方法。

```
>>> round (3.14)
3
>>> round (3.5)
4
>>> pi = 3.141592653589793
>>> round (pi, 2)
3.14
>>> round (pi, 3)
3.142
```

2.5.4.4　math 库函数

Python 中的 math 库是一个内置模块，提供了许多数学函数和常量，适用于各种数学计算，它的常用功能见表 2.8。

表 2.8　　　　　　　　　　　**Python 的常见 math 库函数**

类　别	函数名	描　　　述
常量	pi	数学常量 pi（圆周率，一般以 π 来表示）
	e	数学常量 e，e 即自然常数（自然常数）
基本数学函数	ceil（x）	返回数字的上入整数，如 math. ceil（4.1）返回 5
	exp（x）	返回 e 的 x 次幂（ex），如 math. exp（1）返回 2.718281828459045
	fabs（x）	以浮点数形式返回数字的绝对值，如 math. fabs（－10）返回 10.0
	floor（x）	返回数字的下舍整数，如 math. floor（4.9）返回 4
	log（x）	如 math. log（math. e）返回 1.0，math. log（100，10）返回 2.0
	log10（x）	返回以 10 为基数的 x 的对数，如 math. log10（100）返回 2.0
	sqrt（x）	返回数字 x 的平方根，如 math. sqrt（9），返回 3.0

类　别	函数名	描　　述
三角函数	sin（x）	返回 x 的弧度的正弦值，如 math. sin（1）
	cos（x）	返回 x 的弧度的余弦值，如 math. cos（1）
	tan（x）	返回 x 的弧度的正切值，如 math. tan（1）
	asin（x）	返回 x 的反正弦弧度值，如 math. asin（1）
	acos（x）	返回 x 的反余弦弧度值，如 math. acos（1）
	atan（x）	返回 x 的反正切弧度值，如 math. atan（1）

math 库函数是进行复杂数学计算的强大工具，适用于科学计算、工程应用等多个领域。使用 math 库函数时，需要使用 import 指令导入它：

```
import math
```

下面通过案例说明 math 库函数的应用。

［例 2.2］调用 math 库的 sqrt（）函数，计算 16 的平方根。代码如下：

```
>>> import math
>>> result = math. sqrt（16）
>>> result
4.0
```

2.6　行与缩进

Python 最具特色的就是使用缩进来表示代码块，不需要使用大括号｛｝。

缩进的空格数是可变的，但是同一个代码块的语句必须包含相同的缩进空格数。代码如下：

```
a = 4
if a % 2 == 0：
  print（a," 是偶数"）
else：
  print（a," 是奇数"）
```

以下代码中第五行语句缩进数的空格数与前面不一致，会导致运行错误。

```
a = 4
if a % 2 == 0：
  print（a," 是偶数"）
```

```
else:
    print（a,"是奇数"）        ♯缩进不一致，会导致运行错误
```

Python 通常是一行写完一条语句，但如果语句很长，可以使用反斜杠"＼"来实现跨多行的语句，例如：

```
total = item_one + \
        item_two + \
        item_three
```

但在 []、{}、或()中的跨多行的语句，不需要使用反斜杠"＼"，例如：

```
total = ['item_one', 'item_two', 'item_three',
        'item_four', 'item_five']
```

2.7   Python 输入与输出控制

Python 中有 3 个函数用于输入、转换和输出，分别是 input()、eval()和 print()。

2.7.1   input()函数

input()函数从控制台获得用户的一行输入，无论用户输入什么内容，input()函数都以字符串类型返回结果。input()函数可以包含一些提示性文字，用来提示用户，提示性文字也可省略，使用方式如下：

```
变量＝input（［提示性文字］）
```

如下所示的示例代码中，第 1 行提示符"＞＞＞"后是 input 指令，参数是"请输入："按 Enter 键后运行该输入指令，首先输出"请输入："，后面是等待键盘将内容输入控制台，按 Enter 键表示输入结束。示例中输入了 10.5，按 Enter 键后，n 获得了这个数值。需要注意的是，n 是一个字符串，需要使用 float()函数将其转化为浮点数，再进行后续的运算。第 2 个例子用变量 s 接收输入的内容，可以看到，用 type()函数测试的结果仍然是字符串类型。

```
>>> n = input('请输入：')
请输入：10.5
>>> type（n）
<class 'str'>
>>> s = input()
hello
```

```
>>> type（s）
<class 'str'>
>>> x = input（'请输入一个整数：'）
请输入一个整数：20
>>> type（x）
<class 'str'>
```

2.7.2　eval（ ）函数

eval（ ）函数是 Python 语言中非常重要的函数之一，它的作用是去掉字符最外侧的引号，能够以 Python 指令语法的方式解析并执行字符串，并将返回结果输出，使用方式如下：

```
变量＝eval（字符串）
```

其中：变量用来保存对字符串内容进行解析运算的结果，但是给定的字符串必须满足 Python 指令的语法格式；否则将导致解析错误，无法正确执行。

值得注意的是，eval（ ）函数可以将字符串转化为命令进行执行，因此需要确保字符串是安全无风险的。这里说的安全无风险是指字符串内容是作为代码运行的，必须保证代码的来源可靠，不能把任意的输入作为 eval（ ）函数的参数字符串，避免出现恶意代码，导致程序的安全风险。

eval（ ）函数的用法可以参考如下示例代码：

```
>>> n = input()
10
>>> type（n）
<class 'str'>
>>> a = eval（n）
>>> type（a）
<class 'int'>
>>> b = eval（'3.14159'）
>>> type（b）
<class 'float'>
>>> c = eval（'10.5＋20'）
>>> c
10.52
```

eval（ ）函数常与 input（ ）函数同时使用，用来获取用户输入的数字，使用方法如下：

```
<变量>＝eval（input（［提示性文字］））
```

此时，用户输入的数字包含小数和负数，先调用 input()函数将其解析为字符串，再调用 eval()函数将字符串解析为数值保存到变量中。例如：

```
>>> a = eval (input ())
10. 5
>>> a * 2
21. 0
```

2.7.3　print()函数

print()函数是 Python 语言的内置函数之一，用来输出数据对象。语法格式如下：

```
print (objects, sep = '', end='\ n')
```

参数说明如下：

objects：可以一次输出多个对象，输出多个对象时需要用逗号分隔。

sep：设定输出多个对象的分隔符，默认值为一个空格。

end：用来设定输出的结尾字符。默认值是换行符" \ n"，若输出后不想进行换行操作，可以换成其他字符。

print()函数的基本使用可参考如下示例代码：

```
>>> print ('Hello', 'John')
Hello John
>>> a = 5
>>> print (a, a * a)
525
>>> print ('a=', a, 'a * a=', a * a)
a= 5 a * a= 25
>>> print (a, end='%')
5%
```

2.8　Python 脚本编程

2.8.1　打开文件方式

在 Python Shell 中，执行 File→New File 命令，新建该源文件，用户可在该文件编辑窗口输入代码。在文件中编写代码，并不是像 Shell 中的交互式执行，而是将需要执行的代码预先在文件中编写完成，然后再统一提交给 Python 解释器解释执行。以下代码编写在文件中，演示了两数相加的程序。

```
a = 3
b = 7
print（a+b）
```

2.8.2　运行 Python 脚本文件

代码编写完成之后保存文件，执行 Run→RUN Modul 命令，或按 F5 键，即可运行程序。程序输出结果在 Python Shell 窗口显示。下面通过一个案例进行说明。

〔例 2.3〕编写程序，完成键盘输入圆半径，输出圆面积及周长。

〔分析〕按照数据输入、处理、输出的流程依次编写代码，就能完成题目要求。初学者在编写程序时，务必注意代码的顺序，顺序错了程序可能就无法正确执行或者执行的结果与预想的结果不一致。完整的代码如下：

```
r = input()
r = eval（r）
s = 3.14 * r * r
c = 2 * 3.14 * r
print（" 半径为", r," 的圆面积是:", s）
print（" 半径为", r," 的圆周长是:"，c）
```

运行结果如下：

```
输入半径:
4
屏幕输出:
半径为 4 的圆面积是：50.24
半径为 4 的圆周长是：25.12
```

2.9　基本编程规范与常见错误分析

编写程序的首要规范是代码要符合 Python 语言规定的语法规则，代码模块的缩进必须依照程序的逻辑进行，否则程序无法正确执行。程序的语法可以在 Shell 中逐条验证后再写入文件，避免出现程序语法错误。

语法正确是程序正确的必要条件。语法正确的程序还可能出现逻辑错误，也就是程序执行的结果未必能够与预想的结果一致，这时称程序出现了 Bug。寻找程序逻辑错误的过程称为 Debug。逻辑排错是一项需要经验的技能，需要读者在大量编程实践中不断提高 Debug 水平。下面对本章知识点相关的语法易错点做简单总结，提升读者对易错语法的敏感度。

2.9.1　字符串和指令混淆

请思考这两条语句执行的结果是否相同。

```
>>>print ('3+7')        #屏幕将显示一个算术表达式：3+7
>>>print (3+7)          #屏幕将显示计算结果：10
```

如果我们将 3、7 分别赋值给变量 a 和 b，思考以下代码的运行结果：

```
a = 3
b = 7
print (a+b)
print ('a+b')
print ('a+b = %d'% (a+b))
```

运行结果如下：

```
10
a+b
a+b = 10
```

2.9.2　字符串与数值进行运算

字符串与整数可以进行乘法，但不能进行加法运算。

```
>>> s = 'hello'
>>> s * 3
'hellohellohello'
>>> s + 3
Traceback (most recent call last):
File " <pyshell#6>"，line 1. in <module>
s + 3
TypeError: can only concatenate str (not " int" ) to str
```

若一定要做加法，需要将整数转换为字符串，如 s+str（3）结果为"hello3"。

```
>>> s = 'hello'
>>> s + str (3)
'hello3'
```

若字符串由数字字符组成，也可将字符串转换为数值型，再进行加法。

```
>>> a = 123.45
>>> a = '123.45'
>>> b = 200
```

```
>>> eval (a) +b
323.45
```

2.9.3 表达式遗漏乘号

在求解一元二次方程根时，我们需要判断b^2-4ac是否大于等于0，这个表达式在Python中书写应该是"b ** 2 - 4 * a * c"，切记乘号不能省略。

```
>>> a = 3
>>> b = 4
>>> c = 5
>>> b2-4ac
SyntaxError：invalid syntax
>>> b ** 2 - 4 * a * c
-44
```

2.9.4 表达式未考虑优先级

仍然以求解一元二次方程为例，一元二次方程的根的计算公式为$\dfrac{-b+\sqrt{b^2-4ac}}{2a}$，在Python中，应该把分子、分母分别用括号括起来，正确写法为：(-b+ (b ** 2 - 4 * a * c) ** (0.5))/(2 * a)。

2.10 本章小结

本章介绍了Python中数据的基本类型及其表示方法、变量的表示意义及其基本用法、运算符及其表达式。需要注意同一个运算符在不同的数据类型是有不同的运算规则的。作为基本运算的重要补充，学会math库的使用在计算一些超越函数时十分有用。

习 题

一、选择题

1. 在Python中，以下选项（　　）是字符串类型的正确表示。
    A. 'Hello，World!'　　　B. 12345　　　　　C. True　　　　　D. 3.14
2. 以下数据类型（　　）可以用于表示真或假的值。
    A. 整数（int）　　　　B. 浮点数（float）　　C. 字符型　　　　D. 布尔类型
3. 以下选项中不符合Python语言变量命名规则的是（　　）。
    A. TempStr　　　　　B. 3 _ a　　　　　　C. abc　　　　　D. _ AB
4. 下列不可以作为Python合法变量名的是（　　）。
    A. c0　　　　　　　B. 2a　　　　　　　C. a _ 3　　　　　D. 小河

5. 以下选项中符合 Python 语言变量命名规则的是 （　　　）。

  A. 34Python   B. Python ＿ is ＿ good C. if   D. def

6. 以下选项中，不是 Python 语言保留字的是 （　　　）。

  A. do   B. except   C. pass   D. while

7. 在一行上写多条 Python 语句使用的符号是 （　　　）。

  A. 分号   B. 逗号   C. 冒号   D. 点号

8. 关于 Python 赋值语句，以下选项中不合理的是 （　　　）。

  A. x＝（y＝2） B. x，y＝y，x C. x＝1；y＝2 D. x＝y＝2

9. 在 Python 函数中，用于获取用户输入的是 （　　　）。

  A. eval()   B. print()   C. input()   D. get()

10. 语句 eval（'3＋4/5'）执行后的输出结果是 （　　　）。

  A 3.8   B 3   C. 3＋4/5   D. '3＋4/5'

11. 关于 Python 语句 p＝－p，以下选项中描述正确的是 （　　　）。

  A. p＝0   B. 给 p 赋值为它的负数

  C. p 的绝对值   D. p 等于它的负数

12. 表达式 3＋5％6＊2//8 的值是 （　　　）。

  A. 6   B. 7   C. 5   D. 4

13. 在 Python IDLE 编辑器中书写正确的表达式是 （　　　）。

  A. b＊＊2－4ac B. 1/2gt2   C. pi＊r^2   D. pi＊r＊＊2

14. 表达式 int（'100/3'）的执行结果是 （　　　）。

  A. '100/3'   B. 33.3

  C. 33   D. ValueError

15. Python 语句 print（"Hello World!"）的输出是 （　　　）。

  A. （"Hello World!"） B. "Hello World!"

  C. Hello World!   D. 运行结果出错

16. 表达式 16/4－2＊＊5＊8/4％5//2 的值为 （　　　）。

  A. 14   B. 4   C. 2.0   D. 2

17. Python 语言提供三种基本的数字类型，它们是 （　　　）。

  A. 整数类型、浮点数类型、复数类型

  B. 整数类型、二进制类型、复数类型

  C. 复数类型、二进制类型、浮点数类型

  D. 整数类型、二进制类型、浮点数类型

18. Python 程序文件的扩展名是 （　　　）。

  A. python   B. py   C. pt   D. pyt

二、程序设计题

1. 请编写程序，计算并输出下面表达式的结果：45.5－3.59.5＊4.5－2.5×3。

2. 请编写程序，读入一个名字，在名字前加上 'Hello' 后，输出。比如：输入 John，然后输出 "Hello John"。

3. 请编写程序，从键盘上输入两个数 x 和 y，交换 x 和 y 的值并输出。

4. 请编写程序，从键盘上读入两行，每行都是一个数字，再输出这两个数字的和。

5. 请编写程序，从键盘上输入一行，在同一行依次输入三个值 a、b、c，用空格分开，再输出 b * b - 4 * a * c 的值。

6. 输入圆的半径，求圆的面积（使用 math 库的 pi 常量）。

7. 计算 2 的 n 次方，n 由用户输入。

8. 编写程序，计算 2 个正整数的和、差、积、商，并输出。

9. 已知商品 A 单价为 23.5 元，商品 B 单价为 12.4 元，要求根据用户购买商品 A 和商品 B 的数量，计算需要支付的金额，并输出，请保留两位小数（要求用 round() 函数）。

10. 在一行内输入三个实数，分别表示三角形的三条边，以空格隔开，并输出此三角形的面积，结果保留三位小数。

第 3 章
设计程序预测股票价格

学习目标

◇ 理解 IPO 编程思想。
◇ 掌握流程图的绘制方法。
◇ 理解并掌握 Python 的单分支结构，熟练运用 if 语句解决相关问题。
◇ 理解并掌握 Python 的双分支结构，熟练运用 if-else 语句解决相关问题。
◇ 理解并掌握 Python 的多分支结构，熟练运用 if-elif-else 语句解决相关问题。
◇ 能够阅读、编写和实现使用选择结构的算法，包括使用系列判断和嵌套判断结构的算法。

3.1 引言

程序通过变量实现数据与程序功能分离，那么很自然的问题便是如何处理多种可能的输入数据。例如我们编写 Python 程序预测股票的涨跌，需要输入历史数据，再根据输入的数据特点预测未来的股票价格变化趋势。这里输入的数据是动态变化的，程序需要根据历史数据的不同情况做出不同的预测。

对不同的输入数据用不同的程序流程进行处理，称为分支程序处理。本章将介绍 Python 语言中分支程序的写法。编写程序之前一般先用流程图表达程序的思路，再将流程图转化为能够让 Python 解释器识别并执行的程序，这是编写程序的常规流程，希望读者能够掌握使用流程图表达程序的编写思路，养成良好的编程习惯。依据这个思路，本章先介绍流程图，再介绍各个分支程序的编写方法。

3.2 程序编写的利器：流程图

流程图是用一系列图形、流程线和文字说明来描述程序的基本操作和控制流程，它是程序分析和过程描述的基本方式之一。本节通过介绍流程图，培养程序设计的思维，养成良好的程序设计习惯。如果能够用流程图清晰地表达一个问题的解决方案，便可以使用任何一种程序设计语言转化成可以编译运行的程序。因此，通过流程图学习程序思路的表达，跳出程序语言的框架思维定式。

流程图的基本元素包括 7 种，如图 3.1 所示。

各基本元素的含义如下：

（1）起止框：表示程序逻辑的开始或结束。

（2）判断框：表示一个判断条件，并根据判断结果选择不同的执行路径。

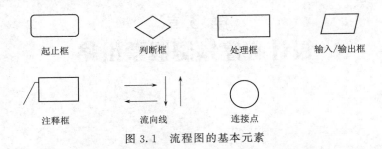

起止框　　　判断框　　　处理框　　　输入/输出框

注释框　　　流向线　　　连接点

图 3.1　流程图的基本元素

（3）处理框：表示一组处理过程，对应于顺序执行的程序逻辑。

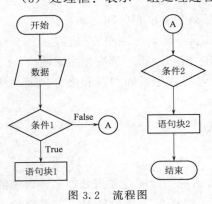

图 3.2　流程图

（4）输入/输出框：表示程序中的数据输入或结果输出。

（5）注释框：表示程序的注释。

（6）流向线：表示程序的控制流，以带箭头直线或曲线表达程序的执行路径。

（7）连接点：表示多个流程图的链接方式，常用于将多个较小流程图组织成较大流程图。

流程图采用图形方式最为直观。如图 3.2 所示为一个流程图的示例，为了便于描述，采用链接点 A 将流程图分成两个部分。

3.3　编程方法 IPO

每个计算机程序都用来解决特定计算问题，较大规模的程序提供丰富的功能，解决完整计算问题，例如控制航天飞机运行的程序、操作系统等。小型程序或程序片段可以为其他程序提供特定计算支持，作为解决较大计算问题的组成部分。无论程序规模如何，每个程序都有统一的完整的处理模式：输入数据、处理数据和输出数据，这种运算模式形成了程序的基本编写方法：IPO（input，process，output）方法，其中：

（1）I（input）输入：是一个程序的开始。程序要处理的数据有多种来源，形成了多种输入方式，包括文件输入、网络输入、控制台输入、交互界面输入、随机数据输入、内部参数输入等。

（2）P（process）处理：是程序对输入数据进行计算产生结果的过程。计算问题的处理方法统称为"算法"，它是程序最重要的组成部分。可以说，算法是一个程序的灵魂。

（3）O（output）输出：是程序展示运算结果的方式。程序的输出方式包括控制台输出、图形输出、文件输出、网络输出、操作系统内存变量输出等。

IPO 是较为基本的程序设计方法，能够帮助初学程序设计的读者理解程序设计的开始过程。即了解程序的运算模式，进而建立设计程序的基本概念。从输入、处理、输出三个方面思考，将流程图的每部分转换为 Python 语言的指令，即能完成源代码的编写。

3.4 程序控制结构

前面已经介绍了，计算机程序是指令的集合，一条接着一条执行，这种按照顺序执行的程序结构称为顺序结构。但顺序结构的程序不足以解决所有问题，常常有必要改变程序执行的流程。因此，通过特殊的语句完成具体的操作并控制执行流程，称为控制结构。

程序由三种基本结构组成：顺序结构、分支结构和循环结构。

3.4.1 顺序结构

顺序结构是程序按照线性顺序依次执行的一种运行方式，如图 3.3 所示，语句块 1 和语句块 2 表示一个或一组顺序执行的语句。

首先来看一个顺序程序的案例，我们可以对照顺序程序的定义体会程序的顺序执行流程。

［例 3.1］［正方体体积］编写程序，通过输入正方形的边长 a，求出正方体的体积。

［分析］解决该问题可以先画出处理的流程图，再将流程图转化为程序。

首先根据 IPO 程序设计方式，绘制流程图，如图 3.4 所示。

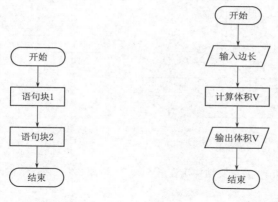

图 3.3 顺序结构流程图 图 3.4 ［例 3.1］的流程图

然后采用文件方式编写代码。在 Python Shell 中，执行 File→New File 命令，新建该源文件。用户可在该文件编辑窗口输入指令（代码），当输入完所有处理指令后，再统一交由 Python 解释器解释执行。具体代码如下：

```
a = input()   # 从获取一个数据，这个数据是字符串类型
a = eval（a）   # 利用 eval()函数去掉字符串的引号，从而转换为数值型
v = a ** 3  # 计算体积，注意表达式 ** 表示乘方
print（'正方体的体积为：', v)
```

运行程序，输入边长 a，并显示体积 V。

编写完成之后保存文件，执行 Run→RUN Modul 命令，或按 F5 键即可运行程序。

程序输出结果在 Python Shell 窗口显示，具体如下：

```
4
正方体的体积为：64
```

3.4.2 分支结构

分支结构（也称为"判断结构"或"选择结构"），它可以通过判断某些特定条件是否满足来决定下一步的执行流程，即判断条件产生"是"或"否"的结果，并根据这个结果选择不同指令序列。具体又分为：单分支结构、双分支结构和多分支结构。如图 3.5 所示是双分支结构流程图。

在本章后续将详细介绍分支结构及实例后续部分进行讲解。

3.4.3 循环结构

循环结构是程序根据条件判断结果向后执行的一种运行方式，其流程图如图 3.6 所示。向后执行表示向已执行过的代码方向执行。由于向后执行形成了对已执行代码的反复执行效果，因此这种逻辑称为循环。

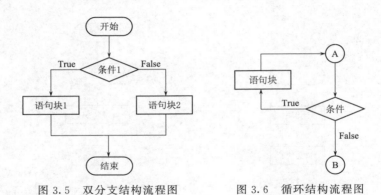

图 3.5 双分支结构流程图   图 3.6 循环结构流程图

循环结构在后续章节中会详细介绍，此处不进行例题讲解。

3.5 条件的表达

设计分支程序首先需要学会表达条件。程序中通过数据之间的关系以及多组数据关系之间的逻辑来表达条件。数据之间的关系需要比较两个对象的大小，我们要通过关系表达式来进行表达数据对象的关系。关系表达式的运算结果为两种情况：True 和 False。多个关系表达式之间的逻辑连接称为逻辑表达式。一个程序中的条件通常由逻辑表达式体现，下面分别介绍。

3.5.1 关系运算符

Python 提供了 6 种关系运算符，关系运算符又称为比较运算符。Python 的关系运算符见表 3.1。

表 3.1　　　　　　　　　　　　　　　**Python 的关系运算符**

运算符	描述	实例	运算符	描述	实例
<	小于	6<7，返回 True	>	大于	7>6，返回 True
<=	小于等于	7<=6，返回 False	>=	大于等于	6>=7，返回 False
==	等于	6==7，返回 False	!=	不等于	6!=7，返回 True

　　注意，关系表达式表达数据变量之间的关系，表达式的计算结果由 Python 解释器根据变量中实际代表的值运算得到，只有 True 和 False 两种可能的结果。关系运算符可用于所有基本类型数据的比较，包括整数、浮点数以及字符串，下面的程序给出了相关的例子。

```
>>> 'abcd'<'b'
True
>>> 'Python' == 'python'
False
>>> 'abc'<'bcd'
True
>>> 'zyy'>'yzz'
True
>>> x=5
>>> 3<x<9
True
>>> 1<2>3
False
>>> 1<3>2
True
```

　　以上程序的字符串比较是根据同一位置的字符的 ASCII 码值，详细内容可参考第 5 章有关字符串的部分。两个关系运算符级联比较，与一般的算术表达式类似，根据运算符优先级顺序执行，如果优先级相同，则解释为多个关系运算逻辑与。

3.5.2　逻辑运算符

　　在实际的条件表达中，经常需要将多个关系表达式联合表达，因此引入逻辑运算符，用于连接多个关系表达式或逻辑表达式。多个表达式之间的逻辑关系主要包括逻辑与、逻辑或、逻辑非，这三种逻辑运算符（也称为"布尔运算符"）的基本描述见表 3.2。

表 3.2　　　　　　　　　　　　　　　**Python 的逻辑运算符**

运算符	描述	实例	运算符	描述	实例
and	与	4>3 and 6<7，返回 False	not	非	not 4==3，返回 True
or	或	4>3 or 6<7，返回 True			

（1）与运算，也就是 and 运算符，和中文"并且"的意思相同，表示两个被连接的条件 A 和条件 B 必须同时为 True；结果才为 True；条件 A 和条件 B 所有其他的结果组合均为 False。

（2）或运算，也就是 or 运算符，和中文"或者"的意思相同，表示两个被连接的条件 A 和条件 B 只要有一个条件是 True，结果就是 True；当条件 A 和条件 B 均为 False，结果为 False。

（3）非运算，也就是 not 运算符，和中文"取反"的意思相同。与前两者不同，非运算的条件只有一个 A，如果条件 A 的结果为 True，not A 的结果就是 False；反之，则为 True。

下面举几个逻辑表达式的例子，以加深理解。

```
>>> a=5
>>> b=7
>>> a>3 and b<8
True
>>> 3<a or b<8
True
>>> 3<a<7
True
>>> 3>4 and y>3    #注意变量 y 并没有被定义
False
>>> 3<4 or y >3
True
>>> 3<4 and y > 3
NameError：name 'y' is not defined
```

这里需要注意，第 9 行的表达式中的 y 并没有定义，但是 Python 解释器的运算结果为 False，且没有报错。这是由于 and 前面的关系表达式已经不成立，Python 解释器并没有执行 and 后面的表达式，因此没有检测到错误。or 运算也有相似的性质，如程序第 11 行，y 没有定义，但是表达式仍然能够正确执行。因为 or 前面的关系运算为 True，整个表达式的值与后面的表达式无关，因此 or 后面的表达式不再进行计算。and 和 or 的这种特性称为短路性。

3.6 单分支结构：if 语句

Python 的单分支结构使用 if 保留字对条件进行判断，从而决定需要执行的程序分支，其语法格式如下：

```
if 条件表达式：
    语句块
```

对应的流程图如图 3.7 所示。其中：

（1）if 是 Python 中的关键字，用于判断结构的开头，后面需要接条件表达式。

（2）条件表达式：可以是关系表达式、逻辑表达式、算术表达式等。

（3）冒号"："表示一个语句块的开始，不能缺少。

（4）语句块可以是单个语句，也可以是多个语句，但语句块要缩进，相对 if 的位置缩进 4 个字符。

下面的案例演示了 if 语句的基本使用方法，读者可以跟着演练，以加深对基本概念的理解。

[例 3.2] 输入年龄数值，判断是否成年。如果大于等于 18 岁，则输出"Congratulations."。

[分析] 根据题意，程序需要根据输入的不同值执行不同的程序，因此考虑用分支程序，先画出流程图（图 3.8），再根据流程图写出程序。

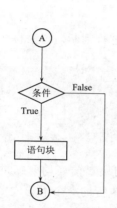
图 3.7　单分支 if 语句流程图

图 3.8　[例 3.2] 的流程图

具体代码如下：

```
age = eval（input()）
if age >= 18:
    print（'Congratulations. '）
```

运行结果如下：

```
20              ♯输入的年龄
Congratulations.  ♯输出的结果
```

[例 3.3] 编写程序，用键盘输入一个整数 n，判断这个数是否是偶数。如果是偶数，则输出"n 是偶数"；如果不是偶数，不作任何处理。

[分析] 根据题意，构思出程序基本执行流程，画出流程图，如图 3.9 所示。

具体代码如下：

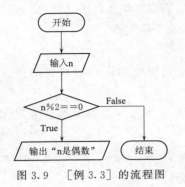

```
n = eval (input())
if n % 2 == 0 :
    print (f' {n} 是偶数')
```

运行结果如下：

图 3.9 [例 3.3] 的流程图

```
8                  # 输入的年龄
8 是偶数           # 输出的结果
```

3.7 if…else 语句

Python 的双分支结构使用 if…else 保留字对条件进行判断，语法格式如下：

```
if 条件表达式：
    语句块 1
else：
    语句块 2
```

其中，if 和 else 是 Python 的关键字，语句块 1 和语句块 2 前面均要缩进，相对 if 和 else 的位置缩进 4 个字符；语句块 1 是 if 条件满足后需要执行的一个语句或多个语句序列；语句块 2 是 if 条件不满足需要执行的一个语句或多个语句序列。

分支结构对应的流程图如图 3.5 所示。

下面将通过一个编程案例进一步理解上述语法概念，以及语法背后的原理。

[例 3.4] 请编写程序，用键盘中输入一个任意整数 n，判断这个数的奇偶性。如果是偶数，则输出"是偶数"；如果是奇数，则输出"是奇数"。

[分析] 通过分析可知，题目要求根据输入的整数分成两种不同的情况，因此考虑用分支程序，每个分支均需要执行代码。

根据题意，画出流程图，如图 3.10 所示。

具体代码如下：

```
n = eval (input())
if n % 2 == 0 :
    print (f' {n} 是偶数')
else：
    print (f' {n} 是奇数')
```

运行结果如下：

```
10              #输入的数
10是偶数         #输出的结果
```

［例 3.5］输入一个年份 year，判断其是否为闰年。判断闰年的标准是：能被 4 整除但不能被 100 整除，或者能被 400 整除的年份是闰年。如果是闰年，请输出"year 是闰年"，否则输出"year 不是闰年"。

［分析］通过分析不难想到采用分支程序进行处理。本题的难点是闰年条件的表达，可以分步表达条件。第一个闰年的条件是能被 4 整除但不能被 100 整除，可以通过两个关系表达式用 and 连接；第二个条件是能被 400 整除；最后将两个条件用 or 连接。

根据题意，画出流程图，如图 3.11 所示。

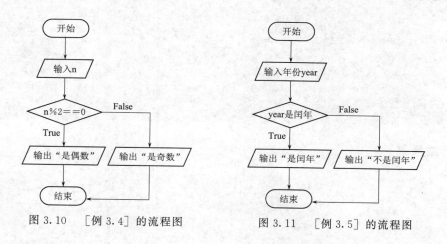

图 3.10　［例 3.4］的流程图　　　图 3.11　　［例 3.5］的流程图

具体代码如下：

```
year = eval（input()）
if year % 400 == 0 or（year % 4 == 0 and year % 100 ! = 0）:
    print（f'｛year｝是闰年'）
else:
    print（f'｛year｝不是闰年'）
```

运行结果如下：

```
2024            #输入的数
2024是闰年       #输出的结果
2023            #输入的数
2023不是闰年     #输出的结果
```

[例 3.6] 请根据给定的三角形的三条边长 a、b、c，判断能否构成三角形，若能构成三角形则计算出它的面积，结果要求保留两位小数；若不能构成三角形，则输出"Not A Valid Triangle!"。输入格式要求：同行输入三个正整数，用空格分隔 [提示：三角形面积＝sqrt（s（s-a）（s-b）（s-c）），其中 s＝（a+b+c）/2]。

[分析] 本题需要了解三角形构成的条件，再根据面积公式计算即可。

根据题意，画出流程图，如图 3.12 所示。

具体代码如下：

```
import math
a，b，c = input(). split()
a = eval (a)
b = eval (b)
c = eval (c)
s = (a+b+c) /2
if a+b ＞ c and a+c＞b and b+c＞a:
    area = math. sqrt (s * (s-a) * (s-b) * (s-c))
    print (f'area= {area:. 2f} ')
else:
    print ('Not A Valid Triangle! ')
```

运行结果如下：

```
34 5                    #输入的一个数
area＝6.00              #程序运行后输出的结果
12 1                    #输入的一个数
Not A Valid Triangle!   #程序运行后输出的结果
```

[例 3.7] 计算下列分段函数 f（x）的值（x 为从键盘输入的一个任意实数），并输出结果，格式为"f（x）＝result"，其中：x 和 result 保留三位小数。

$$f(x)=\begin{cases} -1, |x| \leqslant 300 \\ \dfrac{x^3}{\lg(|x|+2.6)}, |x| > 300 \end{cases}$$

[分析] 根据公式直接写出 Python 表达式求解，公式中对数的计算需要调用 math 库函数。

根据题意，画出流程图，如图 3.13 所示。

具体代码如下：

```
from math import *
x = eval (input())
```

42

```
if x >= 300 or x <= -300 :
   result = -1
else :
   result = x ** 3 / (log10 (abs (x) +2.6) )
print (f'f ( {x:. 3f} ) = {result:. 3f} ')
```

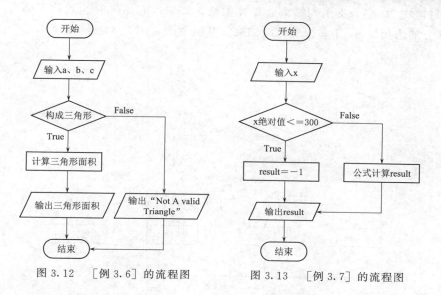

图 3.12　[例 3.6] 的流程图　　　　图 3.13　[例 3.7] 的流程图

运行结果如下：

```
23                          #输入的数
f (23.000) = 8639.863       #输出的结果
```

3.8　多分支结构：if…elif…else

Python 的多分支结构使用 if…elif…else 保留字对多个相关条件进行判断，是双分支结构的扩展，根据不同条件的结果按照顺序选择执行路径，其语法格式如下：

```
if  条件表达式 1:
      语句块 1
   elif 条件表达式 2:
      语句块 2
   …
   elif 条件表达式 n:
      语句块 n
```

43

```
else：
    语句块 n+1
```

其中，当条件表达式 1 的值为 True 时，执行 if 后的语句块 1，继而多分支语句结束；若条件表达式 1 为 False，继续判断 elif 后的条件表达式 2 的值，若值为 True 时，执行 elif 后的语句块 2，多分支语句结束。以此类推，如果所有条件表达式均不能成立，则执行 else 部分的语句块 n+1 多分支结构结束。其流程图如图 3.14 所示。

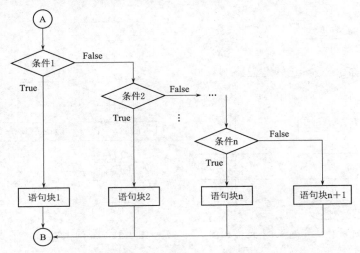

图 3.14 多分支结构的流程图

[例 3.8] X 教授让助教帮助录入期末成绩，X 教授决定期末成绩录入采取五级制，其中对应关系为：大于等于 90 分，成绩为 A；80～89 分，成绩为 B；70～79 分，成绩为 C；60～69 分，成绩为 D；低于 60 分，成绩为 E。请输入一个数，对应输出其成绩的等级。

分析题意，画出流程图，如图 3.15 所示。

具体代码如下：

```
n = eval (input())
if n >= 90：
    print ('A')
elif n >= 80：
    print ('B')
elif n >= 70：
    print ('C')
elif n >= 60：
    print ('D')
else：
    print ('E')
```

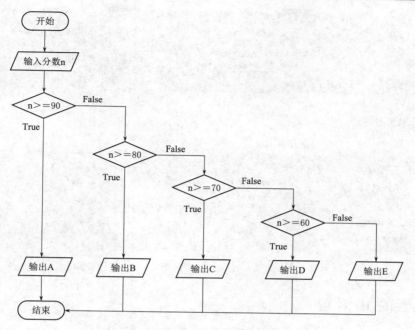

图 3.15　［例 3.8］的流程图

运行结果如下：

| 95 | ♯输入的数 |
| A | ♯输出的结果 |

在以上的多分支程序中，程序首先判定变量 n 的值是否大于等于 90，满足则输出 A，程序结束。如果不成立，继续判断是否大于等于 80，成立则输出 B 并结束程序；否则继续判断下一个 elif 分支，…。可以观察到，这个分支语句的特点为所有的分支中，只能执行一个分支。另外 elif 中的"el"表示的含义是 else，表示当前分支的前面所有分支不成立，if 表示继续使用条件进行分支。

［例 3.9］从键盘输入一个数，判断这个数是正数、0、还是负数。如果是正数，输出"＋"；如果是 0，则输出"0"；如果是负数则输出"－"。

根据题意，画出流程图，如图 3.16 所示。

具体代码如下：

```
n = eval (input())
if n>0:
    print ('＋')
```

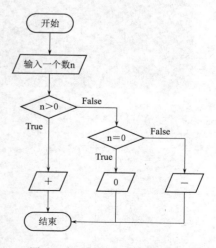

图 3.16　［例 3.9］的流程图

45

```
elif n == 0:
    print ('0')
else:
    print ('—')
```

运行结果如下:

```
95        # 输入的数
+         # 输出的结果

—45       # 输入的数
—         # 输出的结果
```

3.9　嵌套的 if 语句

当一个 if 语句的语句块中又包含另一个完整的 if 语句时, 就构成了嵌套的 if 语句, 相当于多分支 if 语句的另外一种表达形式。语法格式如下:

```
if 条件表达式 1:
    if 条件表达式 2:
        语句块 1
    else:
        语句块 2
else:
        if 条件表达式 3:
        语句块 3
    else:
        语句块 4
```

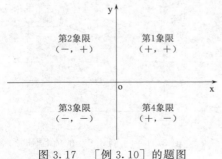

图 3.17　[例 3.10] 的题图

下面通过实际的编程案例了解嵌套的 if 语句的用法。

[例 3.10] 从键盘读入不为 0 的两个坐标值 (浮点数); 注意两个坐标值同一行输入, 两个值之间用英文逗号分隔。

结合图 3.17, 判定点 (x, y) 所在的象限, 并输出 "第 n 象限"。

分析题意, 画出流程图, 如图 3.18 所示。

具体代码如下：

```
x，y= input(). split ('，')
x = eval（x）
y = eval（y）
if x > 0：
  if y > 0：
    print（'第 1 象限'）
  else：
    print（'第 4 象限'）
else：
  if y > 0：
    print（'第 2 象限'）
  else：
    print（'第 3 象限'）
```

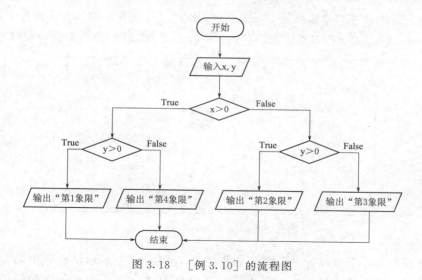

图 3.18　［例 3.10］的流程图

运行结果如下：

```
15.2，−11.3      ＃输入坐标值
第 4 象限         ＃输出的结果
```

编写分支程序需要遵守 Python 语言定义的语法规则。在 Python 条件分支语句的学习中，需要注意的语法规则如下：

1）匹配的 if 和 else 必须有相同的缩进。

2）同一层的语句块应该有相同的缩进。

3）else 必须与 if 匹配，if 可以没有与之对应的 else。

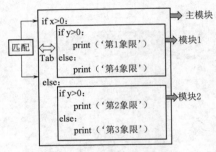

图 3.19　if 嵌套模块之间的逻辑关系

缩进以键盘上的 Tab 键所规定的间距为基本单位，默认是 4 个空格。如图 3.19 所示，最外面的 if 与里面的模块 1 之间的缩进距离就是一个 tab 单位。图 3.19 的模块逻辑关系：主模块为最外层，包括顶格的 if 与 else，if 包括子模块 1，else 包括子模块 2。同一个级别的模块中的代码从上往下依次执行，子模块 1 与子模块 2 根据 if 语句的条件是否成立只能执行一个模块。

可以看到，程序是通过各个代码模块之间的包含关系有逻辑地组合在一起，形成整个功能模块，同一个层级的模块内代码仅有前后关系，依照代码的顺序依次执行。

3.10　常见错误及综合应用分析

编写分支语句常见的错误就是 else 找不到匹配的 if，如图 3.20 所示，此时 Python 解释器提示"invalid syntax"。很显然，只需要将 else 行的缩进取消，与 if 对齐，便可排除错误。

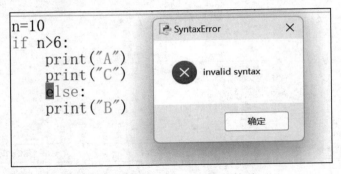

图 3.20　else 不与 if 匹配的情况

缩进错误是另一个编写分支程序常见的错误，如图 3.21 所示。程序中第 3 行的输出指令是条件成立下执行的代码块，应该相对 if 指令缩进一个 Tab 位。换句话说，应该与第 4 行的 print 具有相同的缩进。

另外，中文和英文输入法下同一个字符编码是不一样的，初学者容易混淆，也是常见的错误。由于初学者对键盘的熟悉程度不同，对程序的感知程度不同，语法规则的各个部分都可能会出现错误。这就需要读者平时多加练习，增强对程序语法规则的感觉，同时需要养成良好的编写程序的习惯。

熟练掌握语法之后，更有挑战性的是逻辑错误。这种错误类型能够骗过 Python 解释器，也就是没有任何错误提示，但是程序运行结果与预期不一致，这就需要我们掌握更多的程序调试技巧，进行更多的程序练习。平时编写程序养成画程序流程图的习惯，可以在最大可能上避免因为疏忽导致的逻辑错误。下面通过案例说明逻辑错误在实际编程中是如何出现并避免的。

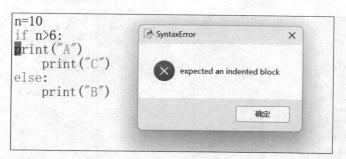

图 3.21　缩进错误示例

[例 3.11] GPA 就是"平均学分绩点",用于衡量学生成绩。假设学校考核绩点转换规则如下:成绩大于或等于 85 分转换为"4.5",成绩大于或等于 75 分且小于 85 分转换为"3.5",成绩大于或等于 65 分且小于 75 分转换为"2.5",成绩大于或等于 60 分且小于 65 分转换为"1.7",成绩小于 60 分转换为"0.0",输入数据如果大于 100 或者小于 0.0,则输出"Data Error"。用户输入百分制的学生成绩输出对应课程绩点。

[分析] 分析 GPA 的转换规则,可以得知程序分为 6 个分支,可用多分支 if 语句编写。先来分析有问题的代码,看看问题出在哪里。

```
score = int (input())
gpa = 0.0
if score<0 or score>100:
    print (" Data Error" )
elif score>=85:
    gpa=4.5
elif score>=75:
    gpa=3.5
elif score>=65:
    gpa=2.5
elif score>=60:
    gpa=1.7
print (f" {gpa:. 1f} " )
else:
    gpa=0.0
```

程序分为 6 个分支并没有问题,问题在于每一个分支的输出并不相同,该程序理所当然认为每一个分支的输出是相同的。最后的 print() 函数并不属于任何分支,因此,任何一个分支执行完,都会执行最后的 print() 函数。这个程序对于正常的输入数据,均可得到正确的输出。但是当输入的数据大于 100 或者小于 0.0 时,if 语句执行第一个分支,输出"Data Error",之后还会执行最后的 print 语句,导致有一个多余的输出"0.0"。因此,该程序正常的逻辑,应该是把最后的 print() 函数输出放到每一个分支里,就可以避免上述问题。正确的代码如下:

```
score = int (input())
gpa = 0.0
if score<0 or score>100:
    print ("Data Error")
elif score>=85:
    gpa=4.5
    print (f"{gpa:.1f}")
elif score>=75:
    gpa=3.5
    print (f"{gpa:.1f}")
elif score>=65:
    gpa=2.5
    print (f"{gpa:.1f}")
elif score>=60:
    gpa=1.7
    print (f"{gpa:.1f}")
else:
    gpa=0.0
    print (f"{gpa:.1f}")
```

3.11　本章小结

本章介绍 Python 分支程序的语法，通过案例介绍了分支程序的设计过程。在编写分支程序之前，介绍了流程图表达程序的流程。分支程序的语法部分，先介绍了条件的表达，包括关系运算和逻辑运算、布尔变量等知识点，接着介绍了 if 语句的两种不同形式：单分支与多分支。然后介绍了 if 语句嵌套的编程技巧，以实际案例解析 if 语句的嵌套逻辑。最后总结了分支程序常见的错误。

习　　题

一、选择题

1. 在 Python 语言中表示"x 属于区间 [a，b)"的正确表达式是（　　）。

    A. a≤ x or x < b   B. a<= x and x < b

    C. a≤x and x< b   D. a<=x or x<b

2. 以下选项中描述正确的是（　　）。

    A. 条件 24<=28<25 是不合法的

    B. 条件 24<=28<25 是合法的，且输出为 True

    C. 条件 35<=45<75 是合法的，且输出为 False

D. 条件 24<=28<25 是合法的，且输出为 False

3. 用来判断当前 Python 语句在分支结构中的是（　　）。

　A. 大括号　　　　　　B. 引号　　　　　　C. 冒号　　　　　D. 缩进

4. 以下不是 IPO 模式的是（　　）。

　A. input　　　　　　B. program　　　　　C. process　　　　D. output

5. 以下关于 Python 分支结构的描述错误的是（　　）。

　A. 每个 if 条件后要使用冒号（:）

　B. 在 Python 中，没有 switch-case 语句

　C. 每个 else 后要使用冒号（:）

　D. elif 可以单独使用

6. 关于 Python 的分支结构，以下选项中描述错误的是（　　）。

　A. Python 中 if-else 语句用来形成二分支结构

　B. Python 中 if-elif-else 语句描述多分支结构

　C. 分支结构可以向已经执行过的语句部分跳转

　D. 分支结构使用 if 保留字

7. 以下程序的输出结果是（　　）。

```
a = 30
b = 1
if a >=10：
  a = 20
elif a>=20：
  a = 30
elif a>=30：
  b = a
else：
  b = 0
print (f 'a= {a}, b= {b} ') )
```

　A. a＝30，b＝30　　　　　　　　B. a＝20，b＝20

　C. a＝30，b＝1　　　　　　　　 D. a＝20，b＝1

8. 已知 x＝10，y＝20，z＝30；以下语句执行后 x，y，z 的值是（　　）。

```
if x < y：
  z = x
  x = y
  y = z
```

　A. 10，20，30　　　B. 10，20，20　　　C. 20，10，10　　　D. 20，10，30

51

9. 列表达式的运算结果是（　　　）。

```
a = 100
b = False
a * b > -1
```

　　　A. 0　　　　　　　　　B. true　　　　　　　　C. 1　　　　　　　　D. false

10. 给出以下代码，以下选项中描述错误的是（　　　）。

```
PM = eval（input（"请输入目前 PM2.5 值:"））
if  PM >75:
    print（"空气质量等级为轻度污染!"）
if  PM <35:
    print（"空气质量等级为优!"）
```

　　　A. if 分支语句则是当 if 后的条件满足时，if 下的语句块被执行

　　　B. 输入 85，获得输出"空气质量等级为轻度污染!"

　　　C. 输入 25，无法得到"空气质量等级为优"

　　　D. 分支语句的作用是在某些条件控制下有选择地执行实现一定功能的语句块

二、编程题

1. 输入一个形式如"操作数 运算符 操作数"的表达式，对 2 个整数进行乘、整除和求余（％）运算。若输入的运算符不对，则输出"Invalid operator"；若输入运算符正确，请在一行中输出表达式及计算结果。

2. 火车站行李费的收费标准是 50kg 以内（包括 50kg）0.2 元/kg，超过部分为 0.5 元/kg，根据输入的行李重量计算出应付的行李费，结果保留两位小数。

3. 根据输入的数 x，判断该数能否同时被 3 和 7 整除，并将结果显示出来。如果能，则显示"x 能同时被 3 和 7 整除"；否则显示"x 不能同时被 3 和 7 整除"。

4. 求解一元二次方程 $ax^2 + bx + c = 0$。输入 a、b、c 的值（a、b、c 均为整数且 a >0），要求一行中输入这三个值，用空格隔开；计算并输出方程的解 x（保留三位小数）。如果方程无实数解，输出"no real solution"。

5. 判断输入的整数是否是自然数，如果不是自然数；则显示"请输入一个自然数"；否则，判断该整数的奇偶性后显示"奇数"或"偶数"。

6. 要求根据以下分段函数的定义，计算输入的浮点数 x 对应的 y 值，输出结果保留两位小数。

$$f(x) = \begin{cases} \cos(x) + e^x & (x > 3.5) \\ \tan(x) + \ln(1 + x) & (0 < x \leqslant 3.5) \\ 0 & (x \leqslant 0) \end{cases}$$

7. 设计一个"计算器"，输入两个运算数 x、y 和运算符，实现加减乘除四则运算，当进行除法运算时，若除数为 0，则显示"除数不能为 0!"

8. 某商场做周年庆活动，购物满 1000 元以上，用户可以享受 9 折的优惠；购物满 2000 元以上，可以享受 8 折的优惠；购物满 3000 元以上可以享受 7 折的优惠。请使用 if…elif 语句来判定某用户在享受折扣后需要支付的金额。

9. 为鼓励居民节约用水，自来水公司采取按用水量阶梯式计价的办法，居民应交水费 y（元）与月用水量 x（t）相关：当 x 不超过 15t 时，y＝4x/3；超过后，y＝2.5x－17.5，小数部分保留两位（使用 round 函数）。请编写程序实现水费的计算。

10. 使用分支结构编写代码，输入三个数，要求分三行输入，每行只输入一个数，求出三个数中的最大值，并显示输出，格式为"最大的数是：x"。

第 4 章
设计程序找出高于平均价格的股票

学习目标

◇ 理解确定循环和不定循环的概念，以及它们用 Python 的 for 和 while 语句的实现。
◇ 理解交互式循环和哨兵循环的编程模式，以及它们用 Python 的 while 语句的实现。
◇ 理解文件结束循环的编程模式，以及在 Python 中实现这种循环的方法。
◇ 能为涉及循环模式（包括嵌套循环结构）的问题设计和实现解决方案。
◇ 理解布尔代数的基本思想，并能分析和编写涉及布尔运算符的布尔表达式。

4.1　重复执行同一代码块

在前面的章节中，我们了解到程序每执行一次，能够处理一个数据单元，对于像股票价格这种大批量数据，需要对每一个数据执行处理过程，需要反复执行同样的程序，直到所有数据处理完毕。批量数据处理是程序必备的基本功能，任何一门程序设计语言都有特定的指令完成程序模块的重复执行，这就是循环。

Python 的循环指令包括两大类：遍历循环和条件循环。一般的，遍历循环用于容器元素的遍历，其基本做法是先将数据存储于容器中，再通过遍历循环指令将每一个容器元素读取一次，并进行相应的处理；条件循环的关键在条件，由循环变量构成的条件成立，则重复执行程序块，随着循环变量值的不断变化，最终导致条件不成立，然后循环结束。两种循环依赖的对象不同，设计程序的思路有所不同，在后面的内容中会进行具体的介绍。

4.2　遍历循环：容器中所有数都需要同等处理

4.2.1　for 语句的一般格式

Python 通过保留字 for 实现遍历循环，适用于循环次数确定的情况，其语法格式如下：

```
for 循环变量 in 序列对象：
    循环体
```

其中：循环变量用于控制循环次数，也可以参与到循环体中；序列对象中一般以某种方式存储的容器，例如：字符串、列表、元组、集合、文件等都可以作为序列对象，也可以使用 range() 函数产生序列对象；循环体中的语句是需要重复执行的功能代码部分。

指令功能是从序列对象中选取元素，如果有元素待选取，则执行循环体，并在执行循环体后，继续尝试从序列对象中选取元素；如果序列对象中没有元素待选取，则结束循环。之所以称为"遍历循环"，是因为循环变量需要取遍序列对象中的元素，每取一个元素，循环一次。因此，for 语句的循环执行次数是根据序列对象中的元素个数确定的。

遍历循环的流程图如图 4.1 所示。

4.2.2 range( )函数

range()函数是 Python 的内建函数，可以创建一个整数列表，一般用在 for 循环中。range()函数的语法格式如下：

```
range（[start], stop [, step]）
```

说明：

(1) range()函数有 3 个参数，其中 start 和 step 可以使用默认值。

(2) start 表示计数开始的数值，默认值为 0。

(3) stop 表示结束值，但不包含这个值。

(4) step 表示步长，默认值为 1。

函数的功能是表示生成一个从 start 值开始，到 stop 值结束（但不包含 stop）的 range()序列对象。这个 range()对象是一个可迭代对象，不是列表；若需要转换成列表，需要使用 list()函数。

例如 range（10）相当于 range（0，10，1），产生的 range()对象包含的数值为：0，1，2，3，4，5，6，7，8，9。

range（1，10，2）产生的 range()对象包含的数值为：1，3，5，7，9。

4.2.3 for 循环的应用

本节将通过多个应用案例说明 for 循环的使用方法，可初步掌握循环的简单应用。

[例 4.1] 循环输出 1～10 之间的奇数。

[分析] 奇数构成的序列对象可通过 range()函数直接生成，在循环体中使用输出语句即可。流程图如图 4.2 所示。

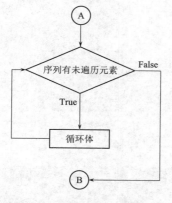

图 4.1 循环流程基本结构

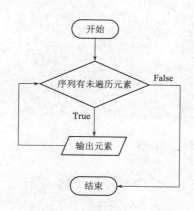

图 4.2 [例 4.1] 的流程图

具体代码如下：

```
for i in range (1，10，2)：
    print (i，end='')
```

运行结果如下：

```
1 3 5 7 9
```

range()函数生成的容器包含了 1～10 之间的所有的奇数，然后由 for 循环读取其中的各个数，并使用 print()函数输出各个数，因此有以上运行结果，下面再看一例。

[例 4.2]　一年 365 天，一周工作 5 天，工作日每天进步 x%；一周休息 2 天，休息日每天：退步 x%，这样一年下来，一共进步了多少呢？假定这一年的第一天为周日。从键盘上输入一个大于 0 的 x，如果输入的值不大于 0，则输出："输入的值应该大于 0"；否则，将计算出来的值保留两位小数，输出格式为："工作日的力量：result"。

分析题意可知，每次进步的量可能是 x%，也可能是退步 x%，那么我们需要设置当前的积累的量为一个变量 dayup，随着程序不断重复执行，这个量不断地发生变化，一般称为循环变量。最终程序需要重复执行 365 次，表示 365 天的变化。由于工作日与休息日的程序行为不一样，需要根据当前的日期情况，设计两个不同的程序模块分别表示工作日需要执行的模块和休息日需要执行的模块，流程图如图 4.3 所示。

具体代码如下：

```
fa = eval (input())
dayup = 1
if fa>0 :
    for i in range (1，366)：
        if i % 7==1 or i % 7 == 0:
            dayup = dayup * (1-fa)
        else:
            dayup = dayup * (1+fa)
    print (f'工作日的力量：{dayup:. 2f} ')
else:
    print ('输入的值应该大于 0')
```

运行结果如下：

```
0.01            #输入的 x 值
工作日的力量：4.63  #输出的结果
```

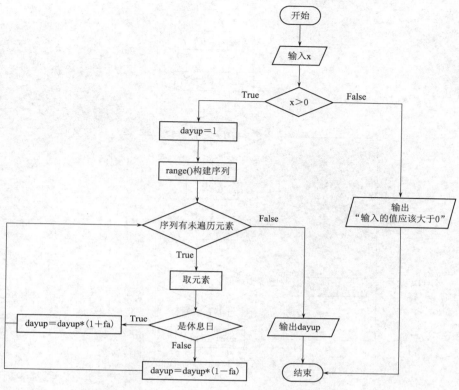

图 4.3 　［例 4.2］的流程图

　　程序中，我们假设初始的 dayup 值为 1。根据流程所示图，首先需要使用 if 语句排除输入的 fa 值小于等于 0 的情况，因此，主要循环程序是嵌在一个 if 语句的环境中。再由分析可知，循环执行的内容分成工作日和休息日，因此循环模块内嵌 if 语句将循环内容分为两个不同模块对应两种不同情况。循环模块内嵌分支程序的情况可以再看一例。需要注意的是，天数被 7 除的余数为 0 表示周日，余数为 1 表示周六。

　　［例 4.3］最佳的情侣身高差遵循着一个公式：（女方的身高）×1.09 ＝（男方的身高）。请写程序，为任意一位用户计算他/她的情侣的最佳身高。

　　输入要求：输入第 1 行给出正整数 N（≤10），为前来查询的用户数。随后 N 行，每行按照"性别 身高"的格式给出前来查询的用户的性别和身高，其中"性别"为"F"表示女性、"M"表示男性；"身高"为区间［1.0，3.0］之间的实数。

　　输出要求：对每一个查询，在一行中为该用户计算出其情侣的最佳身高，保留小数点后 2 位。

　　循环 N 次的基本范式就是通过 for 循环遍历 range 生成的整数序列，在每一趟循环中，处理一组用户的查询，输入性别和身高，得到伴侣的身高。每趟处理过程需要根据性别编写不同的处理代码，因此，在循环体中嵌入 if 语句。流程图如图 4.4 所示。

　　具体代码如下：

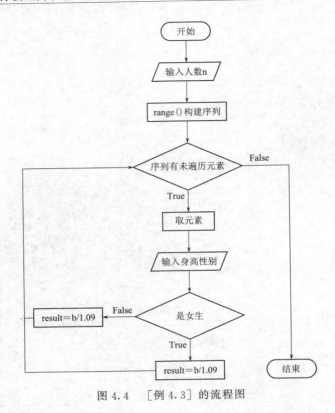

图 4.4   〔例 4.3〕的流程图

```
n = eval (input ())
for i in range (n):
    a，b= input (). split ()
    b = eval (b)
    if a == 'F':
        result = b * 1.09
        print (f' {result:. 2f} ')
    else:
        result = b/1.09
        print (f' {result:. 2f} ')
```

运行结果如下：

```
3        #输入查询人数 n 的值
F 1.6    #输入第 1 个查询人的信息，分别是性别和身高
1.74     #输出的最佳情侣的身高
M 1.8    #输入第 2 个查询人的信息，分别是性别和身高
1.65     #输出的最佳情侣的身高
```

```
M 1.7      ♯输入第 3 个查询人的信息，分别是性别和身高
1.56       ♯输出的最佳情侣的身高
```

［例 4.4］本题要求编写程序，统计并输出某给定字符在给定字符串中出现的次数。

输入要求：输入第 1 行给出一个以 Enter 键结束的字符串；第 2 行输入一个字符。

输出要求：在一行中输出给定字符在给定字符串中出现的次数。如果不包含该字符，则输出"输入的字符不存在！"

本题需要在字符串中寻找特定的字符，将 for 循环用于遍历字符串。字符串是字符序列的容器，因此也可以用 for 循环进行遍历。同时，本题需要计数特定字符出现的次数，这里采用一个计数变量实现。循环执行之前，令计数变量 c 的值为 0。循环遍历字符串，找到特定字符，则 c 的值加 1，直到循环结束。最后根据题意输出结果。流程图如图 4.5 所示。

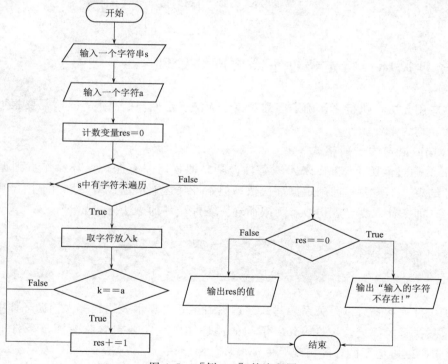

图 4.5　［例 4.4］的流程图

根据设计的流程图，结合 Python 语法，编写代码如下：

```
s＝input()
a＝input()
res＝0
for i in s：
```

```
    if i==a:
        res=res+1
    else:
        pass
if res==0:
    print（'输入的字符不存在！'）
else：
    print（res）
```

运行结果如下：

```
programming is More fun!        ♯输入的字符串
m                               ♯输入要统计的字符
2                               ♯统计出的次数
```

4.3　条件循环：特定条件下需要同等处理

很多应用无法在执行之初确定序列对象，无法确定循环的次数，这时需要根据条件来进行循环，称为条件循环。

4.3.1　while 语句的一般格式

Python 通过保留字 while 来实现条件循环，即程序一直保持循环操作直到循环条件不满足才结束，不需要提前确定循环次数；但条件表达式中包含的变量值不因循环的执行而变化时，即条件永真，就构成了无限循环。条件循环的语法格式如下：

```
while 条件表达式：
    循环体
```

其中，①条件表达式可以是关系表达式、逻辑表达式、算术表达式等。②循环体中的语句是需要重复执行的部分。③在 while 语句的循环体中一定要包含改变测试条件的语句或 break 语句，以避免死循环的出现，保证循环能够结束。

功能：while 循环结构首先判断条件表达式的值，如果为 True，则重复执行循环体，直到条件表达式的值为 False 时，结束循环。

条件循环的流程图如图 4.6 所示。

4.3.2　while 循环的应用

［例 4.5］从键盘输入若干个数，求所有正数之和。当输入 0 或负数时，程序结束。

分析题意可知，输入的数的个数不确定，无法直接用遍历循环的方式构建循环。简单分析可知，该题的循环条件是十分清晰的，就是当输入为 0 或者负数时，结束循环输入。

因此用 while 循环构建输入，最后将得到的数求和即可。流程图如图 4.7 所示。

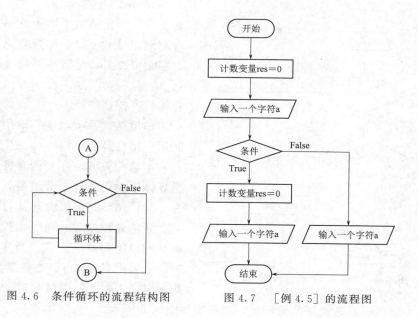

图 4.6　条件循环的流程结构图　　　图 4.7　[例 4.5] 的流程图

根据设计的程序流程，编写代码如下：

```
s = 0
x = eval (input())
while x>0:
    s = s+x
    x = eval (input())
print ('总和为：', s)
```

运行结果如下：

```
15        #输入的数
12        #输入的数
4         #输入的数
46        #输入的数
25        #输入的数
0         #输入的数，0代表输入结束
总和为：102    #输出的结果
```

从这个案例中可以看出，当循环次数无法确定时，可以换个思路，寻找循环的条件，从而可以用 while 循环进行循环设计。while 循环中的核心是循环条件，需要保证循环条件中变量值的变化，避免出现死循环。再看以下例子，体会循环的设计技巧。

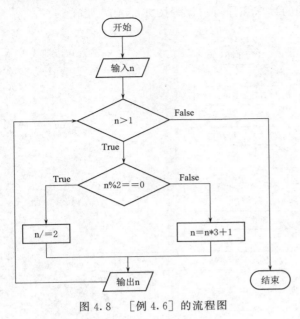

图 4.8　[例 4.6] 的流程图

[例 4.6] 考拉兹猜想 （collatz conjecture）又称奇偶归一猜想，是指对于每一个正整数，如果它是奇数，则对它乘以 3 再加 1；如果它是偶数，则对它除以 2。如此循环，最终都能得到 1。编写一个程序，输入一个正整数，打印其考拉兹序列。

输出格式要求：同行输出各数，中间用空格分隔。

本题的关键是如何构建循环执行的循环体。循环条件十分清楚，当变量值为 1 时，循环结束。循环体可通过分析对变量的处理过程。每一次处理，变量有两种可能的处理方式。当变量为奇数时，需要乘以 3 加 1；当变量为偶数时，则除以 2。这个处理过程对于每一次新的变量值都需要执行，是循环的循环体。流程图如图 4.8 所示。

编写程序需要注意，变量值为 1 是循环结束的条件，转换为循环条件应该是 n>1，具体代码如下：

```
n = int (input())
while n > 1 :
    if n % 2 ! = 0 :
        n = n * 3 + 1
    else :
        n = n//2
    print (n, end='')
```

运行结果如下：

```
5          # 输入的数
16 8 4 2 1 # 输出的结果
```

[例 4.7] 计算并输出若干人员的平均年龄（保留两位小数）和其中男性人数。键盘输入一组人员的姓名、性别、年龄等信息，信息间采用空格分隔，计算并输出这组人员的平均年龄（保留 2 位小数）和其中男性的人数。

输入格式要求：每人一行。如：张三 男 23；若输入空行按 Enter 键，代表结束录入。

输出格式要求：平均年龄是 20.67 男性人数是 2。

一般认为该题是遍历循环，也就是每一个人的信息处理一次，直到处理完成。但是该题是通过输入空行代表结束输入，因此需要用条件循环检测输入是否达到循环结束条件。处理过程需要求和，以及筛选男性进行计数，因此循环中需要嵌入分支语句。流程图如图4.9所示。

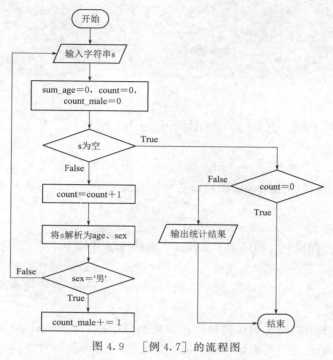

图 4.9 ［例 4.7］的流程图

具体代码如下：

```
s = input()
sum_age = 0
count = 0
count_male = 0
while s ! = '':
    count += 1
    name, sex, age = s. split()
    age = int (age)
    sum_age = sum_age + age
    if sex == '男':
        count_male += 1
    s = input()
if count == 0 :
 pass
else:
 ave_age = sum_age / count
 print (f'平均年龄是 { ave_age:. 2f} 男性人数是 { count_male } ')
```

运行结果如下：

```
张三 男 23                        ♯第 1 个输入的姓名、性别和年龄
李四 女 21                        ♯第 2 个输入的姓名、性别和年龄
王五 男 18                        ♯第 3 个输入的姓名、性别和年龄
                                  ♯输入空行按 Enter 键，代表输入结束
平均年龄是 20.67 男性人数是 2     ♯输出的结果
```

4.4　循环特殊控制语句：continue 与 break

循环结构中有两个保留字 continue 与 break，可以用于 for 循环和 while 循环，并且在循环体中一般与选择结构配合使用，以达到满足特定条件时执行的效果，起到辅助控制循环执行的作用。

4.4.1　continue 语句

continue 语句的作用是立即结束本次循环，即跳出循环体中下面尚未执行的语句，并根据条件判断是否继续下一轮循环。对于 for 循环，执行 continue 语句后将序列对象中的下一个元素赋值给循环变量；对于 while 循环，执行 continue 语句后将转到条件表达式判断部分。

4.4.2　break 语句

break 语句的作用是终止循环的执行，如果循环中执行了 break 语句，循环就会立即终止。break 语句一般用于循环体未执行完，需要检测循环是否需要继续进行，实质上是循环条件的非常规写法。当程序逻辑中循环条件与循环体融为一体，导致无法用常规的循环结构设计循环，break 这种相对灵活的循环条件表达形式可以很好地解决。

下面通过例子演示 continue 语句和 break 语句的应用。

［例 4.8］比较下面两段程序代码，运行结果是否相同？

```
for s in 'PYTHON':
if s == 'T':
  continue
print（s，end='')
```

```
for s in 'PYTHON':
if s == 'T':
  break
print（s，end='')
```

运行结果分别如下：

```
PYHON
```

```
PY
```

这个案例揭示了 continue 语句与 break 语句的区别。左边的程序使用 continue 语句，表示当遍历到 s 的值取字符串中的'T'字符时，执行 continue 语句，第 4 行的 print（）函数不执行，s 不取'T'字符，执行 print（）函数，因此程序执行最终结果为 "PYHON"。右边的程序在相同的位置替换为 break 语句，也就是当 s 取值为'T'时，循环终止，'T'字符后面

的所有字符不再遍历，因此程序最终输出"PY"。

4.5　循环结构中的 else 子句

4.5.1　else 子句的语法格式

Python 语言中 for 语句和 while 语句还可以带有 else 子句扩展部分。具体格式如下：

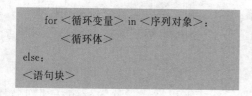
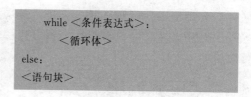

```
for <循环变量> in <序列对象>:
    <循环体>
else:
<语句块>
```

```
while <条件表达式>:
    <循环体>
else:
<语句块>
```

在这两种循环语句中，else 子句的功能相同。一般循环结构中如果包含 else 子句，循环体部分都有 break 语句；反之，循环体中如果没有 break 语句，else 子句不起任何作用。如果循环执行了循环体内的 break 语句，else 子句不会被执行；如果循环自然结束，程序在循环结束后执行 else 子句。

4.5.2　else 子句的应用

[例 4.9] 编写程序，从键盘上输入一个大于 1 的正整数，判断其是否为素数。

根据素数的定义，仅能被 1 和本身整除的正整数为素数。假设 n 是需要判断的整数，我们的设计思路是循环遍历 2～n−1 的每一个整数，判断其是否能整除 n，只要存在一个数满足条件，则提前结束循环。最后循环结束后可通过判断循环是否完整遍历便可确定是否为素数，完整的流程图如图 4.10 所示。

具体代码如下：

```
n = eval (input())
i = 2
while i < n:
  if n % i == 0:
    print (n, '不是素数')
    break
  else:
    i += 1
else:
  print (n, '是素数')
```

运行结果如下：

```
20              #输入的数
20 不是素数      #输出的结果
```

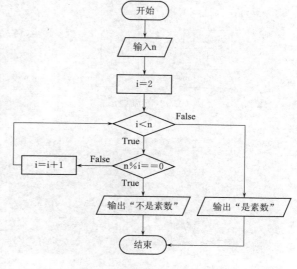

图 4.10　[例 4.9] 的流程图

65

4.6 复杂循环控制：循环嵌套

如果一个循环结构的循环体中又包含另外一个循环结构，就构成了循环嵌套。循环嵌套通常可以完成更为复杂的循环控制逻辑。Python 语言中的 for 语句和 while 语句都可以进行嵌套循环，而且可以互相嵌套。

循环嵌套结构的执行顺序是：先进入外层循环第 1 轮，然后执行完所有内层循环；接着进入外层循环第 2 轮，再次执行完所有内层循环……如此继续下去，直到外层循环也全部执行完毕。

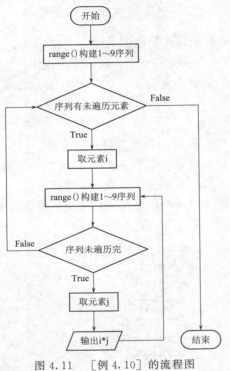

图 4.11 ［例 4.10］的流程图

［例 4.10］ 编写程序，输出九九乘法表。

根据乘法表输出格式，分为行循环和列循环。程序需要输出 9 行，因此需要 for 遍历循环控制循环次数为 9 次，每次循环需要执行输出一行的乘法等式，再输出一个换行符。这里输出一行的乘法等式又需要一个循环实现，因此行的循环里面，需要内嵌一个列的循环。每个行循环，需要执行一个完整的列循环。流程图如图 4.11 所示。

具体代码如下：

```python
for i in range (1, 10):          #外循环
  for j in range (1, i+1):       #内循环
    print (f' {i} x {j} = {i * j: 2d} ', end='')
  print()  #输出换行符
```

运行结果如下：

```
1x1= 1
2x1= 2 2x2= 4
3x1= 3 3x2= 6 3x3= 9
```

```
4x1= 4 4x2= 8 4x3=12 4x4=16
5x1= 5 5x2=10 5x3=15 5x4=20 5x5=25
6x1= 6 6x2=12 6x3=18 6x4=24 6x5=30 6x6=36
7x1= 7 7x2=14 7x3=21 7x4=28 7x5=35 7x6=42 7x7=49
8x1= 8 8x2=16 8x3=24 8x4=32 8x5=40 8x6=48 8x7=56 8x8=64
9x1= 9 9x2=18 9x3=27 9x4=36 9x5=45 9x6=54 9x7=63 9x8=72 9x9=81
```

可以看到，嵌套的两个循环的执行次数是两个循环次数的乘积，可以类比乘法与加法

的关系进一步理解两层循环之间的关系。

［例4.11］输入多组数，求每组数的和。

输入要求：第1行是整数m，m>=1，接下来就是m组数据，对于每组数据：第1行是整数n，n>= 1，接下来是n行，每行一个整数。

输出要求：对每组数据，输出后面那n个整数的和。

分析题意可知，处理所有组的数需要循环完成，每一组数的求和又需要循环完成，因此本题应该设计成两层的嵌套循环，流程图如图4.12所示。

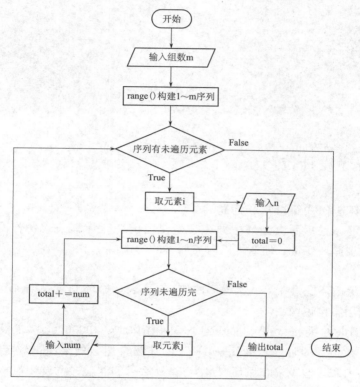

图4.12 ［例4.11］的流程图

具体代码如下：

```
m = int (input())
for i in range (m):
  n = int (input())
  total = 0
  for i in range (n):
    num = int (input())
    total += num
  print (total)
```

运行结果如下：

```
2     #输入需要计算2组数
3     #输入第1组数，包括3个数
10    #输入第1个数
20    #输入第2个数
30    #输入第3个数
60    #输出第1组数的3个数之和
4     #输入第2组数，包括4个数
100   #输入第1个数
200   #输入第2个数
300   #输入第3个数
400   #输入第4个数
1000  #输出第2组数的4个数之和
```

4.7　循环程序设计技巧

4.7.1　设计循环迭代式解决求和问题

循环迭代式是指前后两次循环中同一个变量值的变化计算公式，若用 f 代表计算方法，用符号 s 代表循环变量，那么可以写成如下的公式：

$$s_n = f(s_{n-1})$$

注意，s_n 表示循环变量在第 n 次循环的值，s_{n-1} 表示循环变量在第 n−1 次循环的值。下面通过实际应用案例说明。

[例 4.12] 计算阶乘和 sum＝1！＋2！＋…＋n！　对 1000000007 求模的结果。

[分析] n! 是指 n 的阶乘，也就是 1～n 的连续自然数的乘积，规定 0 的阶乘是 1。接着考虑本题是求和，假设求和循环变量为 s，那么求和迭代式可设计为 s＝s＋x，其中 x 为当前项，本题对应就是阶乘值。循环之前 s＝0，那么第一次循环 s＝s＋x，其中 x 为 1 的阶乘，x＝1，所以第一次 s＝0＋1＝1。第二次循环，再次执行 s＝s＋x，这时需要先计算 x 的值，x 的值应该为 2 的阶乘，可以利用前一次循环的 x 值计算当前第二次的值 x＝x＊2。第三次循环，同样需要在执行 s＝s＋x 时，计算 x 的值，这次 x 应该为 3!，利用前一次循环的 x 值计算当前循环的 x，可以得到 x＝x＊3。综合以上分析，可以得到本题的两个迭代式：

```
x＝x＊i
s＝s＋x
```

其中，s 为求和变量，一般称为累加器，x 是求和的当前项，本题为 i 的阶乘，这里的 i 是指第 i 次循环，i 从 1 开始。根据分析，得到如下的代码：

```
n=int (input())
s=0
x=1
for i in range (1, n+1):
x=x * i
s= (s+x)% 1000000007
print (s)
```

从该案例可以发现，循环程序的核心是循环迭代式的设计，找到了问题的循环变量的迭代式，就像找到了解决问题的钥匙。

4.7.2　巧用永真循环与 break 指令

for 循环的流程模式比较固定，条件循环的循环流程设计往往更具有灵活性。下面举例说明。

[例 4.13] 从键盘输入两个正整数，两数之间用空格隔开，求这两个数的最小公倍数，并输出。

[分析] 两个正整数 a，b 的最小公倍数是指一个最小的正整数，能够同时被 a 和 b 整除。如果采用 for 循环进行构建，发现遍历的数据范围无法确定，因此只能用条件循环。为了让程序更加符合思考过程，这里采用永真循环设计避免循环次数无法确定的问题，永真循环就是循环条件取定值为 True，将循环条件下移到循环体中用 break 语句表达，从而避免死循环。具体代码如下：

```
a, b=list (map (int, input()) )
i=a
while True:
  if i%a==0 and i%b==0:
    break
  i+=1
print (i)
```

[例 4.14] 一条蠕虫长 1 厘米，在一口深为 N 厘米的井的底部。已知蠕虫每 1 分钟可以向上爬 U 厘米，但必须休息 1 分钟才能接着往上爬。在休息的过程中，蠕虫又下滑了 D 厘米。就这样，上爬和下滑重复进行。请问，蠕虫需要多长时间才能爬出井？

这里要求不足 1 分钟按 1 分钟计，并且假定只要在某次上爬过程中蠕虫的头部到达了井的顶部，那么蠕虫就完成任务了。初始时，蠕虫是趴在井底的（即高度为 0）。

程序要求输入 N、U、D，输出爬出井的时间。

[分析] 本题的循环流程设计较难，循环条件的设计容易出错。蠕虫在没有到达井口之前，每次的执行流程都是一样的，上爬 U 厘米，下降 D 厘米。如果把循环体设计成上爬 U 厘米，下降 D 厘米，是不符合题目要求的，因为蠕虫在最后一次上爬 U 厘米后，如

果已经到达井口,下降 D 厘米就不执行了。流程图如图 4.13 所示。

从流程图可以看到,条件嵌入在循环体的中间,因此需要用永真循环配合 break 语句解决条件的问题。具体代码如下:

```
N,U,D=list(map(int,input().split()))
s=0
t=0
while True:
    s+=U
    t+=1
    if s>=N:
        break
    s-=D
    t+=1
print(t)
```

4.7.3 用循环枚举解推理问题

[例 4.15] 法官审理一起盗窃案时,四名嫌疑犯 a、b、c、d 供述如下:

a:罪犯在 b、c、d 三人之中。

b:我没有作案,是 c 偷的。

c:在 a 和 d 中有一个是罪犯。

d:b 说的是事实。

经调查,四人中有两人说了真话,并且罪犯只有一人。请确定真正的罪犯。

[分析] 本题的关键是建立数学模型,也就是说将文字的描述数字化,用变量表示,再设计程序进行求解。由于每个嫌疑犯只有两种可能,是罪犯或者不是,我们可以为每个嫌犯定义一个布尔类型的变量,再通过枚举的方法确定哪种值的组合满足题目给出的要求,便可得到正确答案。列出 4 个变量所有可能的组合,可以用嵌套循环完成。具体代码如下:

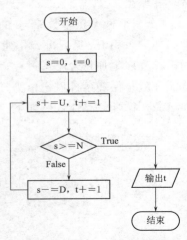

图 4.13 [例 4.14] 的流程图

```
f=0
for a in range(2):
    for b in range(2):
        for c in range(2):
            for d in range(2):
                c1 = b+c+d==1
                c2 = c==1
                c3 = a+d==1
```

```
            c4 = c2
            if c1+c2+c3+c4==2 and a+b+c+d==1：
                f=1
                break
          if f：
              break
        if f：
            break
      if f：
          break
  if a：
      print ('a is crime')
  if b：
      print ('b is crime')
  if c：
      print ('c is crime')
  if d：
      print ('d is crime')
```

程序采用 4 层循环设计，条件满足需要跳出 4 层循环，而 break 语句只能跳出最内层的循环，因此使用指示变量 f，当条件满足，f 值变为 1，那么每一层循环都需要通过判断 f 的值再执行 break 语句跳出循环。

[例 4.16]《孙子算经》中记载了一个有趣的问题："今有雉兔同笼，上有三十五头，下有九十四足，问雉兔各几何?" 根据上述描述可列出二元一次方程组求解。现要求编写程序对任意给定的头数和足数判断鸡和兔各有多少。

[分析] 设头的数量为 a，足的数量为 b，鸡的数量为 x，兔的数量为 y，那么可以列出如下方程组：

$$\begin{cases} x+y=a \\ 2x+4y=b \end{cases}$$

设计程序求解的方法可以采用枚举法，也就是罗列所有可能的 x、y 的数据组合，再用以上条件筛选出答案。由上例可知，多个变量的组合枚举可以采用循环嵌套完成，代码如下：

```
a，b = list (map (int, input()，split()) )
f=0
for x in range (a+1)：
  for y in range (a+1)：
    if x+y==a and 2 * x+4 * y==b：
      print (f'chickens = {x}；rabbits = {y} ')
      f=1
```

```
if not f：
    print（'No solution'）
```

4.8 本章小结

本章介绍了 Python 中两种常见循环的基本语法以及循环程序的基本设计方法。循环控制除了使用循环条件控制循环，还可以使用 break 语句和 continue 语句。break 语句提前结束循环，是循环条件的加强；continue 语句是跳过当前的循环，继续下一轮的循环。需要注意的是，在多层循环嵌套中，break 语句与 continue 语句仅对当前所在的循环层有效。本章还介绍了嵌套循环的基本用法和应用场景。最后介绍了循环的常见设计技巧。

习　　题

一、选择题

1. 下列（   ）不属于 while 循环语句的循环要素。
　　A. 循环变量的初值和终值　　　　　　B. 输出语句
　　C. 循环体　　　　　　　　　　　　　D. 循环变量变化的语句

2. 关于程序的控制结构，下列描述中正确的是（   ）。
　　A. 单分支结构的使用方式为：

```
if 条件
语句块
```

　　B. 循环结构有两个辅助循环控制的保留字 break 和 goto
　　C. Python 使用 while 实现无限循环
　　D. 双分支结构的使用方式为：

```
  if 条件
    语句块
  else
    语句块
```

3. 以下程序的输出结果是（   ）。

```
sites = ［" BIT"," NJN"," NJNU"," HYIT" ］
for site in sites：
if site = =" NJN"：
```

```
print ("南京大学")
break
print ("循环数据" + site)
else：
print ("没有循环数据！")
print ("完成循环！")
```

   A. 循环数据 BIT
      南京大学
      完成循环！

   B. 循环数据 BIT
      完成循环！

   C. 没有循环数据！
      完成循环！

   D. 南京大学
      完成循环！

4. 以下程序的输出结果是（   ）。

```
for i in "Summer"：
if i=="m"：
break
print (i)
```

   A. mmer   B. m   C. 无输出   D. mm

5. 给出下面的代码：

```
i=1
    while i<6：
      j=0
      while j<i：
         print ("*", end ="")
         j+=1
         print ("\n")
         i+=1
```

以下选项中描述错误的是（   ）。

   A. 执行代码出错

   B. 第 i 行有 i 个 "*"

   C. 内层循环 j 用于控制每行打印的 "*" 的个数

D. 输出 5 行

二、编程题

1. 输入一个数 N，计算数列 1/1＋1/2＋1/3＋…＋1/N 的和，并保留两位小数。

2. 输入一个正整数，统计该数各位数字之和。例：输入的正整数是 89076，则显示 30。

3. 统计不同字符个数。用户从一键盘键入一行字符，编写一个程序，统计并输出其中英文字符、数字、空格、汉字和其他字符的个数。

4. 根据斐波那契数列的定义，F（0）＝0，F（1）＝1，F（n）＝F（n-1）＋F（n-2）（n＞2），输出不大于 100 的序列元素，元素之间用逗号分隔。

5. 输入一个字符串，再输入需要删除的字符串中的字符，输出删除该字符后的字符串。例如：输入 python，输入要删除的字符 y，输出 pthon。

6. 求 n 分别除以 range（a，b）的结果并输出，n、a、b 需从键盘输入（如果除数为 0，要做出异常判断处理）。

第 5 章
设计程序分析历史股票价格

学习目标

◇ 掌握列表、元组的创建及常用操作，能够用列表解决简单的问题，能够将复杂的操作分解为简单的基本操作。
◇ 了解有序容器与无序容器的区别，能说出各自的特点及应用的场景。
◇ 能掌握字典的创建及常用操作，能用字典解决典型应用问题。
◇ 了解集合的创建和基本操作方法，能从语法及特点区分字典和集合。
◇ 能利用推导式构建列表和字典。
◇ 了解容器的特点和分类。

在前面的章节中，我们了解了 Python 的基本数据类型用于表示计算机中的数据，包括整数类型、浮点类型和字符串类型。每个数据都需要定义一个变量代表数据，因此处理的数据量受到限制。然而在实际的应用场合，数据往往是成千上万出现的，需要更加高效的数据表示方式和处理方法，才能在实际问题中应对自如。例如，我们需要在过去一周的股价数据中提取高于某一个价格的股价的平均值。通过简单的分析可知，我们首先需要存储过去一周的股票价格，再提取满足条件的股价存放到变量中，然后再求取平均值。通过本章内容的介绍，我们将学习如何利用组合数据类型进行数据的批量存储，包括列表、元组、集合和字典。

Python 中的组合数据类型也称为容器，可以分为有序容器和无序容器。有序容器也称为顺序容器，其存取速度快，用于处理常规的批量数据；无序容器用于存储数据间关系较特殊的批量数据，是有序容器的有效补充。本章将分别介绍这两种容器的使用方法、应用场景及案例。

5.1 有序容器

有序容器，顾名思义，容器中的数据按照前后顺序排列，每一个元素有一个固定的位置，有一个前驱和一个后继。但是第一元素只有后继，没有前驱，最后一个元素只有前驱，没有后继。有序容器包括列表、元组、字符串。前面章节介绍过字符串是一种基本数据类型，本章将深入探讨字符串的知识，字符串也是一种有序容器，符合有序容器的操作规则。

有序容器支持索引操作、切片操作、元素检查操作、加法操作和乘法操作。除了这些基本操作，有序容器还支持通用内置函数的操作，包括 min() 函数、max() 函数、len() 函数等。

5.1.1　列表

任何数据序列相关的问题一般都可以考虑用列表存储并处理。列表是一种典型的有序容器，与 C 语言中的数组类型有相似的结构，但是结构更加灵活，能够容纳任何类型的数据。除了可以在任意位置读取数据，列表还可以在任意位置进行数据插入、删除等操作。下面从列表的创建、基本操作等方面对其进行介绍。

列表可以通过 Python 列表创建的语法规则获得。Python 创建一个列表对象的语法比较简单，将数据元素用方括号包起来，数据元素之间用逗号连接，例如 a=［2，3，'4'，［1，2，3］］，就是一个列表对象，方括号表示列表对象的开始和结束。以上创建的列表 a 包含 4 个元素，元素依次为 2、3、'4'、［1，2，3］。可以看到，同一个列表中列表元素的类型可以不止一种，除了可以包含基本数据类型，还可以有列表等复合类型。如果列表中不包含任何元素，可以用一对方括号表示一个空列表对象。列表中的元素除了可以直接指定，也可以在列表结构中用列表推导式生成元素。

列表还可以通过函数调用间接获得创建。range() 函数是常用的创建列表的函数。它可以创建符合某个规律的自然数组成的列表。另外一种是将输入的字符串转化为特定类型的列表，编写实际程序经常使用。基本做法是用 map() 函数与字符串的 split() 函数结合将 input() 函数输入的一个字符串转化为迭代对象，最后使用 list() 函数转化为列表。

如下代码演示了创建列表的几种不同的方式，请仔细阅读并理解。

```
>>>b= []
>>>a = [2, 3, '4', [1, 2, 3] ]
>>>x = [e ** 2 for e in a if type (e) is int]
>>>y = [chr (e+65) for e in range (26) ]
>>>z = list (map (int, input(). split()) )
```

代码第 1 行创建了一个空的列表，第 2 行创建了固定数据元素的列表，有整数类型、字符串类型和列表类型，第 3 行利用列表推导式从列表 a 中的元素为数据源创建了一个列表。如图 5.1 所示，首先 for 结构中的元素 e 遍历列表 a 中的每一个元素，并且每个元素需要满足 if 结构中的条件，在本例中，条件为元素 e 的类型必须为 int 类型。因此最后推导式生成的结果是包含 4、9 两个元素的列表。

代码第 4 行也是一个列表推导式，推导式从 range() 函数生成 0～25 的自然数序列，用序列中的每一个数加上 65，用 chr() 函数将其转化为对应的字母，具体的功能将在字符串部分详细说明。该行代码十分有用，其主要功能是产生一个包含 26 个大写字母的列表。

5.1.1.1　索引和切片

列表属于有序容器，因此可以通过索引的方式获取容器中的单个元素，也可以通过切片的方式获取容器中的部分元素。

有序容器的索引规则：有两套。第一套索引规则是从第一个元素开始以 0 为起始索引，依次递增编号，因此最后一个元素的索引为长度减 1，该索引系统与其他高级语言的索引规则相同，例如 C、Java 采用的都是这种索引系统。第二套索引规则是从最后一个元素开始编号，最后一个元素编号为−1，倒数第二个编号为−2，依次前推，该索引规则的设计逻辑是倒数第几个，例如索引−5的逻辑语言是列表中倒数第5个元素。两套索引规则如图5.2所示。

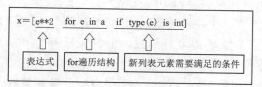

图5.1　列表推导式结构图解

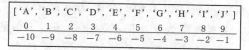

图5.2　有序容器的索引

根据索引规则，我们可以通过列表名称加上方括号，在方括号中填入索引号获得对应的列表元素。例如图5.2所示的列表用y表示，那么获取列表中的元素'E'，可以写成y[4]或者y[−6]，其中y表示列表的名称。

除了通过索引获取单个元素，还可以通过切片方式获取有序容器的部分或全部数据元素。容器切片的一般格式描述如下：

> 容器名称［起始索引：结束索引：步长］

切片内容由一对方括号包裹，内由两个引号分成三个部分，第一部分为起始索引，也就是数据片段的起始位置。第二部分是结束索引，指的是数据片段结束的位置的后面一个位置。从描述可以看出，数据片段包含起始索引位置指向的数据，但是不包括结束索引指向的数据元素，这种规则称为左闭右开。第三部分是步长，也就是当需要切片的数据元素在原列表中索引不连续，可以用步长指定跳过的数据元素的个数。通过学习以下的示例代码进一步了解各种不同切片的用法。

```
>>>y[::]
>>>y[:]
>>>y[::−1]
>>>y[2:5]
>>>y[:4]
>>>y[7:]
>>>y[2::3]
```

代码前2行表示取列表所有元素组成新列表，新列表与原列表所有元素相同。第1行代码的方括号中两个冒号，表示三个部分内容都有，但是都取默认值，起始索引默认值为0或−1，结束索引默认值为列表长度，或负的列表长度，步长默认为1，因此，第1行和第2行的切片结果为取所有元素。第3行起始索引和结束索引都是取默认值，步长取−1，因此切片结果为原列表元素倒序组成新的列表。第4行指定了起始索引和结束索引，但是步长取默认值。因此，切片的结果是取原列表的第2、3、4号索引的值，结果为［'C'，

77

'D'，'E'］。第 5 行的切片代码取起始索引和步长为默认值，因此结果为［'A'，'B'，'C'，'D'］。根据前面的切片特性，可以推理第 6 行的切片结果为［'H'，'I'，'J'］。同理，第 7 行的切片结果为［'C'］。

索引及数据切片适合所有的有序容器，包括元组、字符串等类型数据。

［例 5.1］给定一个三角矩阵，判断其是否为：上三角矩阵或下三角矩阵。上三角矩阵指主对角线以下的元素都为 0 的矩阵；下三角矩阵指主对角线以上的元素都为 0 的矩阵；主对角线为从矩阵的左上角至右下角的连线。

输入格式：第 1 行输入一个正整数 n，接下去的每一行都是 n 个用空格分隔的整数。

输出：upper（上三角）、lower（下三角）或 neither（都不是）。

［分析］矩阵指的是将数据以二维表格的形状排列，每个格子放一个整数。我们可以创建一个列表存放矩阵，列表中创建 n 个空的列表作为其元素，用输入的每一行填充 n 个空列表。循环遍历每一个列表，判断其是否满足上（下）三角的条件，具体的代码如下：

```python
n = int (input())
s = [ [] for i in range (n) ]
for i in range (n):
  s [i] = list (map (int, input(). split()) )
cnt _ upper＝0
for i in range (n):
  if s [i] [: i] == [0] * i:          #第 i 行从第 0 位开始 0 元素的数量是否为 i 个
    cnt _ upper+=1
cnt _ lower = 0
for i in range (n):
  if s [i] [i+1:] == [0] * (n-i-1):   #第 i 行从位置 i+1 开始是否全为 0
    cnt _ lower+=1
if cnt _ upper==n:
  print ('upper')
elif cnt _ lower==n:
  print ('lower')
else:
  print ('neither')
```

程序中变量 cnt _ upper 用来统计矩阵中满足上三角的行数，其中第 i 行应该满足从第 0 位开始有连续 i 个 0。同理，cnt _ lower 用来统计满足下三角的行数。

5.1.1.2　列表的基本运算

Python 从语言层面提供了一系列运算符操作列表，包括＋、＊、in、not in。其中，"＋"运算符在列表运算中是一个双目运算，其功能是将两个列表首尾连接成一个新的列表；"＊"运算符在列表运算中的功能是将列表内容重复若干次；"in"运算符的功能是查询指定的元素是否在列表中；"not in"的功能刚好相反，查询指定的元素是否不在列表中。关于这些运算符的使用参考如下示例代码。

```
>>> s= [1, 2, 3]
>>> t= [8, 9]
>>> r=s+t
>>> r
[1, 2, 3, 8, 9]
>>> s+=t
>>> s
[1, 2, 3, 8, 9]
>>> a=t*2
>>> a
[8, 9, 8, 9]
>>> t*=3
>>> t
[8, 9, 8, 9, 8, 9]
>>> 2 in t
False
>>> 3 not in t
True
```

"+"运算符需要两个列表作为操作对象,"*"运算符需要一个列表和一个整数,整数表示重复的次数。如果运算结果不需要创建新的列表变量,可以使用"+="或"*="实现。需要特别说明,这些运算符适用于所有的有序容器,包括字符串和元组。

5.1.1.3　列表的常用操作

列表元素可以动态添加,没有最大长度的限制,随着列表元素的增加,列表将根据元素个数自动扩容,无需对其所占内存进行管理。添加列表元素由 append()、insert()和extend()三个函数。实现向列表对象的末尾添加新元素,函数的参数为需要添加的新元素,基本格式为

```
list. append (x)
```

其中,list 为列表对象,append()为 list 特有的函数,因此用"."连接列表对象和调用的 append()函数,所有列表特有的函数调用都遵循这个语法规则。参数 x 为待添加的数据。

insert()函数实现在列表指定的索引位置后面添加一个新的列表元素。函数的基本格式为

```
list. insert (idx, e)
```

其中,函数参数有两个:第 1 个参数是指定的索引位置;第 2 个参数是待插入的列表元素。

extend()函数也是 list 特有的函数，调用方法与前面两个函数一样。该函数是将一个有序容器对象作为函数的参数，其功能是将参数指定的容器中的元素批量添加到列表的末尾。

添加函数的示例代码如下：

```
>>>y= ['A', 'B', 'C', 'D', 'E', 'F', 'G', 'H', 'I', 'J']
>>>y. extend (" KLM" )
>>>y. extend ( [1, 2, 3] )
>>>y. append (333)
>>>y. insert (1, 444)
```

代码中，第一次调用 extend()函数将字符串"KLM"添加到列表中，其操作是将'K'、'L'、'M'三个元素添加到列表的末尾。同理，第二次调用 extend()函数 extend 将 1、2、3 作为列表的新元素批量添加进列表中。最终列表的结果为［'A'，'B'，'C'，'D'，'E'，'F'，'G'，'H'，'I'，'J'，'K'，'L'，'M'，1，2，3］。列表执行 append()函数后，最后一个元素为 333，列表长度加 1；执行 insert()函数后，'B'的后面多了 444，'C'及其后面所有元素位置后移一位。

删除列表元素也有三个函数，分别是 pop()函数、remove()函数和 clear()函数。

pop()函数也是列表特有的函数，功能为删除参数指定的位置的元素，若不指定参数，默认删除最后一个元素。函数返回删除的元素。

```
>>>y= ['A', 'B', 'C', 'D', 'E', 'F', 'G', 'H', 'I', 'J']
>>>y. pop()
>>>y. pop (1)
```

代码中第一次调用 pop()函数，不传递任何参数，索引操作的结果是将原列表中的'J'元素删除，第二次调用 pop()函数传递参数 1，则删除的是元素'B'，操作的结果是列表变为［'A'，'C'，'D'，'E'，'F'，'G'，'H'，'I'］

remove()函数也是列表特有的函数，有一个参数 x，表示需要删除的元素值，调用该函数将删除列表中第一次出现值为 x 的元素。

```
>>>y= ['A', 'B', 'C', 'D', 'E', 'F', 'E', 'H', 'I', 'J']
>>>y. remove ('E')
```

以上代码调用 remove()函数删除元素'E'，操作结果是删除了列表中的第一个'E'，第二个'E'仍然保留。如果传入的参数没有出现在列表中，则出现 ValueError 的错误，所以，在调用该函数进行删除前，应该确保删除的值是列表中存在的。一种常用的方法是使用 in 操作符判断元素是否存在列表中，如果存在，再执行删除操作，避免删除出现程序错误。如下代码中，用 if 语句表达式完成元素是否存在的判定，如果不存在则执行 None，即什么都不做。

```
>>>y= ['A', 'B', 'C', 'D', 'E', 'F', 'E', 'H', 'I', 'J']
>>>y. remove ('E') if 'E' in y else None
```

clear()函数也是列表特有的函数，功能是删除列表所有元素的操作，相当于清空列表，不返回任何结果，也不需要传递任何参数。

最后一个有删除作用的是 del，是一个内置指令，可以删除变量、列表或者是列表切片，与前面提到的函数有本质区别。del 指令的使用可以参考如下代码：

```
>>> y= ['A', 'B', 'C', 'D', 'E', 'F', 'E', 'H', 'I', 'J']
>>> del y [1: 3]
>>> y
['A', 'D', 'E', 'F', 'G', 'H', 'I', 'J']
>>> del y [1]
>>> y
['A', 'E', 'F', 'G', 'H', 'I', 'J']
>>> del y
>>> y
Traceback (most recent call last):
  File " <pyshell#16>", line 1, in <module>
    y
NameError: name 'y' is not defined
```

从本质上来讲，del 是将数据或变量所代码的数据的存储空间回收，变量经回收后不再代表任何数据，以上代码中的列表 y 执行 del 指令后，再引用会出现错误。

列表对象在创建之后，可以直接修改列表中的任何元素的值。因为创建列表本质上是创建一个存储空间，存储空间中的内容（数据）是可以修改的。以下代码说明了列表的这个特性。

```
>>> y= ['A', 'B', 'C', 'D', 'E', 'F', 'E', 'H', 'I', 'J']
>>> y [1] ='BBB'
>>> y
['A', 'BBB', 'C', 'D', 'E', 'F', 'E', 'H', 'I', 'J']
>>> y [2: 4] ='CD', 'DC'
>>> y
['A', 'BBB', 'CD', 'DC', 'E', 'F', 'E', 'H', 'I', 'J']
```

可以发现，我们可以修改列表的单个元素，也可以用切片的方式批量修改。在修改过程中没有创建新的列表对象。也就是说，列表对象的名称是与列表的存储空间绑定的，与列表中存储的数据无关！这个特性其实在字符串和元组中是不适用的，因为元组和字符串是不可变对象，变量是与数据绑定的。

　　Python 通过循环遍历列表中的所有元素，从而检查元素是否在列表中。当然，也可以直接使用 in 关键字进行判定，代码更加精简。若需要对所有列表元素进行操作，则必须要用循环进行遍历。示例代码如下：

```
>>> y= ['A', 'B', 'C', 'D', 'E', 'F', 'E', 'H', 'I', 'J']
>>> for e in y：
   e=e+'X'
>>> y
['A', 'B', 'C', 'D', 'E', 'F', 'E', 'H', 'I', 'J']
>>> for i in range (len (y) )：
   y [i] =y [i] +'X'
>>> y
['AX', 'BX', 'CX', 'DX', 'EX', 'FX', 'EX', 'HX', 'IX', 'JX']
```

　　代码中试图用两种不同的方法给列表中的每个元素添加"X"后缀。第一种方法是在循环遍历中，将列表中的每一个元素依次复制到变量 e 中，然后对 e 变量的值加后缀"X"。但是每次循环修改的是 e 的值，列表 y 中的值却未发生改变，如图 5.3 所示。

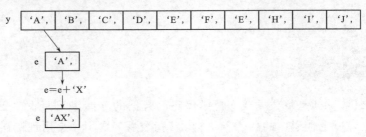

图 5.3　直接循环遍历列表图解

　　第二种方法是采用遍历列表的索引，通过索引获取列表中的存储位置，因此成功修改了列表的值，如图 5.4 所示。通过比较不难发现，两种不同的遍历主要区别在于是否直接对列表的元素存储位置进行修改。

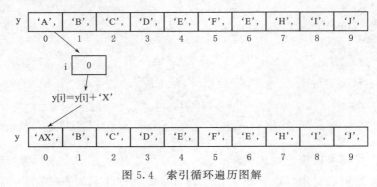

图 5.4　索引循环遍历图解

除了通过遍历查询列表，还可以用 index()函数和 count()函数进行特定的查询操作。

index()函数实现从指定的索引范围内，查找第一个值为指定参数的索引。该函数属于列表的特有方法，有三个参数：第一个参数 x 指定查找的元素值，后面两个参数指定查找的起始索引和结束索引，以表示查找的区间。函数调用方法如下：

```
list. index (x, start, end)
```

函数使用过程中几种不同情况的处理可以通过以下示例代码进行掌握。

```
>>> y
['A', 'B', 'C', 'D', 'E', 'F', 'G', 'H', 'I', 'J']
>>> y. index ('E')
4
>>> y. index ('E', 5, −1)
Traceback (most recent call last):
  File " <pyshell♯4>", line 1, in <module>
    y. index ('E', 5, −1)
ValueError: 'E' is not in list
>>> y. index ('E', 4, −1)
4
```

代码首先调用 index()函数在整个列表 y 中搜索值等于'E'的索引，因此返回位置 4。在第二次调用 index()函数，指定了搜索区间，5 为搜索起始位置，−1 为结束位置（不包含）。区间内没有指定的值，因此查找错误。最后将查的起始值修改为 4，函数得到了正确的索引。

另外一个 count()函数，用于查找指定元素值在列表中的出现次数。函数只有一个参数 x，表示待查询的元素值，函数返回元素出现的次数。函数的调用方法如下：

```
list. count (x)
```

函数的使用示例参考如下代码：

```
>>> y
['A', 'B', 'C', 'D', 'E', 'F', 'G', 'H', 'I', 'J']
>>> y. count ('X')
0
>>> y. count ('E')
1
```

count()函数的优点在于不会因为找不到对应的元素而使得代码出现异常错误。因此在使用 index() 函数查找某个对应元素，也可以使用 count() 函数先确定元素是否存在。

［例 5.2］给出列表 A 和列表 B，将两个列表合并，合并后的列表应该去除列表 A 和列表 B 中重复出现的元素，并统计每个元素在原来列表 A 和列表 B 中的出现次数。

样例输入：

　　　[1, 2, 3, 4, 5]

　　　[4, 5, 6, 7, 8]

样例输出：

　　　1：1, 2：1, 3：1, 4：2, 5：2, 6：1, 7：1, 8：1

［分析］首先创建列表 C，用于存放合并后的元素。接着遍历列表 A 和列表 B，循环将元素添加至列表 C，添加之前需判断当前遍历的元素是否已经在列表 C 中存在，若已经存在，则不再重复添加，从而可以保证列表 C 中元素的唯一性。

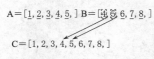

图 5.5　列表合并图解

从图 5.5 可以看到，当循环遍历至列表 B 的元素 4 和元素 5 时，此时列表 C 中已经通过前面循环遍历列表 A 时添加了元素 4 和元素 5，因此在判定元素是否已经存在时，结果为真，不再重复添加这两个元素，确保了列表 C 中元素唯一。具体代码如下：

```
A=eval (input())
B=eval (input())
C=[]
for e in A+B：
  if e not in C：
    C. append (e)
r=[]
for e in C：
  r. append (f' {e}：{ (A+B). count (e) } ')
print ( * r, sep=', ')
```

代码的前两行使用 eval() 函数将输入的两个字符串直接转化为列表对象。eval() 函数是一个功能强大的全局函数，能够将字符串表达的表达式直接计算结果，因此，也可以将满足列表语法结构的字符串直接转化为列表对象。接下来通过遍历列表 A 和列表 B，构造列表 C 的元素，最后通过 count() 函数统计列表 C 中每个元素在合并的列表 A+B 中的出现次数，同时将元素和次数格式化存入列表 r 中。最后输出将列表 r 解引用为 print() 函数的各个输出元素，用 sep 所指定的符号分隔各个元素的输出，得到最终的目标输出格式。关于 print() 函数中列表 r 前面的 "＊" 的用法，只需要记住其功能是将列表对象分解成各个元素进行各自输出，具体可以参考函数章节的详细分析。

数据排序需求在实际应用中很常见，Python 在列表对象中提供了专门的排序函数而无需自行编写排序程序。列表对象特定的 sort() 函数可以直接调用对列表元素进行排序，而不返回任何值，调用格式如下：

84

```
list. sort (key=None, reverse=False)
```

其中，函数有两个参数：第一个参数 key 表示排序的主关键字，针对多关键字排序，可以不传递，第二个参数 reverse 表示是否降序排列，默认是升序排列。调用排序函数的前提是列表元素必须是可以比较的数据。这个前提表明列表元素必须是相同类型的才能排序，因为不同类型的数据无法直接比较大小。

另外一个排序函数 sorted()是全局的函数，可以对任何有序容器进行排序操作，函数调用方法如下：

```
sorted (iterable，key=None, reverse=False)
```

与 sort()函数不同，sorted()函数多了一个参数 iterable，表示待排序的对象，可以是列表，也可以是元组等其他可迭代有序容器对象。另一个与 sort()函数的区别是返回的是排序后的对象。换言之，排序后的对象与排序前的对象不是同一个存储容器。这主要是因为 sorted()函数不仅需要适应列表这样的元素可更改的对象，还需要适应元组和字符串等元素不可改变的对象的排序。以下示例代码演示了排序函数的使用。

```
>>> A= [10, 9, 6, 7, 8, 4, 5]
>>> A. sort()
>>> A
[4, 5, 6, 7, 8, 9, 10]
>>> B= [ ('a', 4), ('b', 2), ('c', 10), ('d', 6) ]
>>> B. sort (key=lambda x: x [1] )
>>> B
[ ('b', 2), ('a', 4), ('d', 6), ('c', 10) ]
>>> A= [10, 9, 6, 7, 8, 4, 5]
>>> sorted (A)
[4, 5, 6, 7, 8, 9, 10]
>>> A
[10, 9, 6, 7, 8, 4, 5]
>>> B='hkdjkacdb'
>>> sorted (B)
['a', 'b', 'c', 'd', 'd', 'h', 'j', 'k', 'k']
```

代码第一部分对列表 A 调用 sort()函数进行排序，列表 A 中元素已经改变，按从小到大的顺序重新调整元素的位置。列表 B 是两个关键字组成的元素，排序需要指定 key 参数，这里用 lambda 表达式指定排序关键字为元素的第二个属性，排序结果按照元素第二个属性从小到大排列。接下去的部分针对排序前的列表 A 用 sorted()函数进行排序，结果是一个从小到大排列的新列表，原列表保持不变。最后，用 sorted()函数对字符串进行排序，排序结果依照字符 ASCII 码的顺序升序排列。

除了排序，列表还可以进行逆序等操作调换列表元素的位置。Python 为列表提供了 reverse()函数进行元素的逆序。也就是将原来的第一个元素与最后一个元素交换位置，第二个元素与倒数第二个元素交换位置，依次进行得到的结果。reverse()函数是列表的特有函数，没有参数，没有返回值，具体可以参考如下代码：

```
>>> y= ['A', 'B', 'C', 'D', 'E', 'F', 'E', 'H', 'T', 'J']
>>> y
['A', 'B', 'C', 'D', 'E', 'F', 'G', 'H', 'T', 'J']
>>> y. reverse()
>>> y
['J', 'T', 'H', 'G', 'F', 'E', 'D', 'C', 'B', 'A']
```

［例 5.3］从键盘输入过去一周的股票开盘价格，各数据间用空格隔开。再从键盘输入一个阈值 t，输出所有高于阈值的价格的平均值。

［分析］使用 input()函数将数据一次性以字符串形式读入，然后再进行字符串分割转化为浮点数为元素的列表，再遍历列表将高于 t 的元素取出存入新的列表。最后对结果列表求平均值。

```
s=list (map (float, input(). split()) )
t = float (input())
r= []
for e in s:
  if e>t:
    r. append (e)
if len (r) >0:
  ave = sum (r) /len (r)
  print (f'average = {ave:. 2f} ')
else:
  print (" 0.00" )
```

5.1.2 元组

元组不管从功能的角度，还是操作的角度，与列表都非常相似，因此在学习时需要将两者进行类比。相同的方面，元组与列表都是一种存储数据序列集合的有序容器，都用相同的方式引用元素、数据切片，且都可以直接循环遍历。另外有很多相同的操作函数，适用列表的内置操作函数，基本都可以用到元组上，如 max()函数、min()函数、len()函数、sorted()函数等。这些不依赖具体容器对象的操作函数，一般称为全局的内置函数，简称为全局函数。不同的方面，首先元组的元素是不可修改的，也就是说，元组的变量名称绑定的是元组中的数据，并非存储位置。另外用 tuple 表示元组类型，创建用小括号表示，以示与列表的区别。通过以下示例代码进一步理解两者的异同。

```
>>> t=()
>>> t2=（2）
>>> t3=（3,）
>>> t4=1, 2, 3
>>> t4
(1, 2, 3)
>>> A=['a', 'b', 'c']
>>> t5=tuple（A）
>>> t5
('a', 'b', 'c')
>>> B='ABC'
>>> t6=tuple（B）
>>> t6
('A', 'B', 'C')
```

代码首先演示了空元组的创建，t 是空元组。t2 不是元组容器，而是单个变量。创建单个元素的元组需要在元素后面添加逗号，如 t3 的创建。创建包含多个元素的元组，还可以直接用逗号分隔各个元素，省略了小括号。使用 tuple()函数将其他类型的容器转化为元组，如 t5 由列表转化得到，t6 由字符串转化得到。列表相关的只读操作，在元组中也适用，例如 index()函数和 count()函数。

若需要修改元组的元素，一般通过重新创建元组完成，而不能单独修改其中某个元素。元组创建也可以写推导式，但得到的却是生成器，与元组的性质用法并不同，这里不再展开，有兴趣的读者可自行查看相关文档。

```
>>> t
('g', 'b', 'c', 'd')


  File " <pyshell#19>", line 1, in <module>
   t [0] ='g'
TypeError：'tuple' object does not support item assignment
>>> t= ('g',) +t [1:]
```

代码中试图修改元组 t 的第一个元素为'g'，出现了错误。然后通过重新创建新的元组达到修改的目的。

从以上分析可知，列表的功能涵盖了元组所有的功能，那么元组是不是多余的设计？用列表可以代替元组所有功能了？其实不然，只是我们对元组的认识还不够。首先元组是只读的，存储相同数量的元素，结构更轻巧，占用空间相对更小。只读的元组可以作为字典的键，而列表是不可以的。另外元组可以构造与 C 语言中的结构体类似的类型，大大拓展了 Python 的功能，这种结构称为具名元组（namedtuple），有兴趣的读者可自行拓展阅读相关资料。

5.1.3　字符串

第 1 章中介绍了字符串的基本概念，用引号包裹起来的内容称为字符串。字符串的内容是由多个字符依次排列形成的数据类型。第 2 章进一步研究了其他基本类型数据插入到字符串中的格式化方法。本小节将深入探讨字符串的细节，读者可以更加透彻、立体地理解字符串，为后续能够更加灵活地处理字符串、提高编程能力奠定基础。

在计算机中，键盘键入的符号一般会有一个相应的数值与之对应，称为 ASCII 码，字符存入计算机中的都是 ASCII 码，如图 5.6 所示。在 Python 语言中，没有单字符的数据类型，只有字符序列，也就是字符串。在计算机内存中，字符串本质上就是一串整数序列。比如字符串'ABC'在内存中就是 65、66、67 三个数字组成的序列。读者可以思考一个问题：计算机中为什么要用整数表示字符？还有没有更好的方法呢？

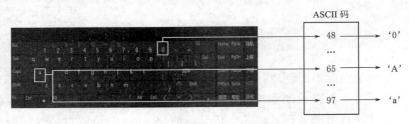

图 5.6　字符在计算机中的表示

在 Python 中，利用内置的 chr()函数可以将整数转化为单个字符的字符串；反过来，可以调用 ord()函数将单个字符的字符串转化为 ASCII 码对应的整数，示例代码如下：

```
>>> chr (97)
'a'
>>> chr (48)
'0'
>>> ord ('A')
65
```

从这两个函数的示例也可以看到，97 和字符串'a'在计算机内存中存储的内容都是整数 97，区别是显示的形式以及在 Python 语言中的语法格式。虽然它们内容一样，由于类型不同，操作的方法也不同。

除了键盘上的可见字符在计算机中可以显示出来，还有一部分字符无法在计算机中直接显示，需要使用可见字符的组合进行表示称为功能字符。在 Python 语言中，使用"\"与其他字母字符的组合来表达一些不可见的功能字符。由于组合不再是原来单个字母字符的含义，因此把这种组合称为转义字符。转义字符是两个甚至多个字符的组合，但是含义上仍然表示一个字符，对应的是一个 ASCII 码值。常用的转义字符见表 5.1。

表 5.1   常 用 转 义 字 符

转义字符	含　　义	转义字符	含　　义
\ n	回车换行	\ v	垂直制表符
\ t	横向制表符	\ ddd	1～3 位 8 进制表示的 ASCII 码对应的字符
\ a	让计算机硬件发出声响，在 CMD 环境有效	\ xhh	十六进制的 ASCII 码对应的字符
\ b	退格，在 CMD 环境有效		

转义字符只有通过 print()函数输出才能表现对应的功能或字符。下面的示例代码及解释可以加深对转义字符的理解。

```
>>> s='\ \ tabc \ n \ 070 \ x41'
>>> s
'\ \ tabc \ n8A'
>>> print (s)
\   abc
8A
>>> s=r'\ \ tabc \ n \ 070 \ x41'
>>> print (s)
\ \ tabc \ n \ 070 \ x41
```

代码中创建了一个字符串 s，由一些常规可见字符和一些转义字符组成。第一个是'\ \'表示字符'\'，由于这个字符在字符串中用来表示转义字符，因此，需要表示这个字符本身，只能通过转义的方式来表示。'\ t'是水平制表符，实际上是键盘上的 Tab 键的功能，一般默认情况下就是 4 个空格。'\ n'是换行，'\ 070'是八进制的数表示的 ASCII 码，对应的十进制数值为 56，对应的字符是'8'，'\ x41'是十六进制表示的 ASCII 码，对应的十进制数值为 65，相应的等价字符是'A'。如果直接显示字符串，功能字符仍然以转义字符形式显示。用 print()函数输出字符串的内容，所有转义字符按照其转义的功能显示结果。

在特定场合下，需要让字符串中的转义字符不进行转义，而是按照显示的字符的原始含义进行存储，Python 中只需要在字符串前添加字母 r 或者 R 强制字符串不转义。以上代码的第 7 行中变量 s 代表的字符串就是强制不转义，结果输出了字符串中出现的所有可见符号。

理解了字符串类型数据的基本原理，下面对不同类型字符串的基本常用操作进行介绍。

5.1.3.1　字母的大小写转化

字母是字符中最常用的一个类别，大小写在文本编辑中经常涉及。大小写转化可以通过 ord()函数与 chr()函数配合完成，但是这样对长字符串不是特别方便。在 Python 中，有一组函数专门处理字符串中字母的大小写转化。表 5.2 列举了一些常用的大小写转化函数，都属于字符串对象的特定函数，且都不需要传递参数。

表 5.2　　　　　　　　　　　　字母大小写转化函数及功能

函　　数	说　明
upper	将字符串中所有小写字母转化为大写字母，函数没有参数
lower	将字符串中所有大写字母转化为小写字母
swapcase	将原来大写的转化为小写，小写的转化为大写
capitalize	只将字符串的首个字符转化为大写，其他字母都转化为小写
title	将字符串中每个单词的第一个字母大写，其他字母都转化为小写

下面对这些函数的使用方法进行举例，代码如下：

```
>>> s=" PEOPLE's republic of China"
>>> s. capitalize()
" People's republic of china"
>>> s. title()
" People'S Republic Of China"
>>> s. upper()
" PEOPLE'S REPUBLIC OF CHINA"
>>> s. lower()
" people's republic of china"
>>> s. swapcase()
" people'S REPUBLIC OF cHINA"
>>> s
" PEOPLE's republic of China"
```

5.1.3.2　字符串判断

字符串包含的数据较多，可能有大小写字母、数字以及其他字符。如果是数字，还分不同的进制。在 Python 中，有一系列的函数来对各个类型的字符进行判断，而无需记住每一类字符在 ASCII 码表中的位置。判断函数仅返回 True 或 False，没有参数。下面的代码举例说明常用的字符判断函数，未列举的可以查看相关资料进一步学习。

```
>>> s='324'
>>> print (s. isdigit())
True
>>> s='2. 73'
>>> print (s. isdigit())
False
>>> print (s. isdecimal())
False
>>> s='ABC'
>>> print (s. isupper())
True
```

```
>>> print（s. islower()）
False
```

需要注意判断字符是否是某一类字符时，是需要字符串中每一个字符都符合条件，只要有一个字符不符合条件，结果就是 False。另外，isdecimal()函数判断字符串是否为十进制数，但是代码中的字符串出现了小数点，因此结果是 False。

5.1.3.3　字符串查找与替换

Python 提供了非常丰富的字符串处理函数，调用十分方便，简化了 Python 编程。基础的查询可以直接用运算符"in"或"not in"完成。但是在更常见的场景中，直接判断是否存在还不够，还需要进一步指定特定子字符串在原字符串中的位置。Python 提供了更多的查找函数完成不同的查找目的，具体的函数可以参考表 5.3 中的函数。

表 5.3　　　　　　　　　　字 符 串 查 找 函 数

函　　数	说　　明
find（sub，start，end）	返回 sub 在切片区间 s［start：end］的位置，未找到返回−1，不指定表示整个字符串
index（sub，start，end）	sub 为待查找对象，start 为查找的起始位置，end 为查找的结束位置的后面一个位置。找到返回位置，未找到抛出异常
rfind（sub，start，end）	为待查找对象，start、end 分别为查找的起始位置和结束位置的后一个位置。找到返回位置，未找到返回−1
rindex（sub，start，end）	功能为从右往左找到第一个 sub 的位置。sub 为待查找对象，start 和 end 分别表示查找的起始位置和结束位置的后面一个位置，未找到抛出异常
startswith（prefix，start，end）	检查字符串是否以子字符串 prefix 为前缀，start 和 end 分别表示查找的起始位置和结束位置的后一个位置
endswith（suffix，start，end）	检查字符串是否以子字符串 prefix 为后缀，start 和 end 分别表示查找的起始位置和结束位置的后一个位置
replace（old，new，count）	将字符串中 old 指定的子串用子串 new 来代替，count 表示替换的次数

函数使用的示例代码如下：

```
>>> s = " I like eating apples，bananas and oranges"
>>> sub1='apples'
>>> sub2='water melon'
>>> print（s. find（sub1）)
14
>>> print（s. find（sub1, 15）)
−1
>>> print（s. find（sub2）)
−1
>>> print（s. startswith（'I'）)
True
```

```
>>> s0 = s. replace ('like'," don't like")
>>> s0
" I don't like eating apples，bananas and oranges"
```

5.1.3.4　字符串访问

由于字符串是有序容器，因此字符串中单个元素的引用以及部分内容的切片方式与列表等容器的操作方法是没有区别的。示例代码如下：

```
>>>s='abc'
>>> s [0] +s [2]
'ac'
>>> s='A'+s [1:]
'Abc'
```

值得注意的是，字符串中引用的单个元素仍然是字符串。例如以上代码中的 s [0] 只包含字符 'a'，但仍是字符串对象。

下面给出一个字符串查找在实际问题中的应用实例，读者需要认真研读并举一反三，提高对字符串的认识。

[例 5.4] 假设字符串 s 中，只会出现两个 '＄'，请从给定字符串中查找以 '＄' 符号开始，且以 '＄' 结尾的一段子串，并将其每个字符用 '＊' 替换，输出替换后的结果。

[分析] 首先在输入的原字符串中查找 '＄' 的位置，用 find() 函数找第一个 '＄'，用 rfind() 函数找第二个 '＄' 的位置，用字符串切片的方式提取，计算长度，并用相应数量的 '＊' 与原来的不需要替换的首尾两部分连接，完整代码如下：

```
s=input()
ia = find (s, '$')
ib = rfind (s, '$')
r = s [: ia] +'*'* len (s [ia+1: ib] ) +s [ib+1:]
print (r)
```

5.1.3.5　字符串运算

字符串的运算主要包括字符串连接和字符串的重复。使用 '＋' 可以实现两个字符串的首尾相连。使用 '＊' 可以实现字符串重复。具体使用的方法可以参考如下代码：

```
>>> s='ABC'
>>> s=s+'XXX'
>>> s
'ABCXXX'
```

```
>>> s+='EFG'
>>> s
'ABCXXXEFG'
>>> s=s+'R'*3
>>> s
'ABCXXXEFGRRR'
>>> s='rs'
>>> s*=4
>>> s
'rsrsrsrs'
```

代码前 3 行实现字符串'ABC'和'XXX'的连接，结果用变量 s 指代。与数值运算相似，代码第 5 行用复合运算'＋＝'实现字符串 s 自身与字符串'EFG'连接，结果仍然用变量 s 表示，等价于 s＝s＋'EFG'。第 8 行使用'＊'实现字符串'R'重复 3 次得到'RRR'，再与字符串 s 连接。第 11 行用 s 指代字符串'rs'，然后用复合运算'＊＝'实现 s 重复 4 次，等价于's＝s＊4'，因此结果为'rsrsrsrs'。

字符串除了＋、＊运算，还有一个重要的运算就是字符串的比较操作和包含操作。字符串比较支持＞、＞＝、＜、＜＝、＝＝、！＝，字符串的包含判断与其他有序容器相似，使用 in 判断字符串是否包含在其他字符串中。示例代码如下：

```
>>> 'AB'<'AC'
True
>>> 'AB'<'ABC'
True
>>> 'abc d'=='abcd'
False
>>> 'to ' in 'welcome to China'
True
>>> 'To' not in 'welcome to China'
True
```

图 5.7 字符串
比较的图解

这里详细讲解字符串的比较规则。由于字符串是包含多个字符的序列，而字符序列在内存中存储的是字符对应的 ASCII 码序列，在进行相互比较的时候，是逐位比较 ASCII 码的大小。具体来说，将第 1 个字符串的每个字符与第 2 个字符串的对应位置的字符进行逐个比较，如果相同，则比较下一个，直到分出大小，结束比较。如图 5.7 所示是字符串比较的图解，以索引增长顺序，对应字符 ASCII 码逐个比较，分出大小立即停止比较。上面代码的第 1 行'AB'与'AC'比较。首先比较第 1 个字符，都为'A'，接着比较第 2 个字符，'B'的 ASCII 码比'C'的 ASCII 码要小，因此结果为

True。第 3 行的两个字符串前两个字符都相同，后面的字符串多一个字符，因此判定结果是 True。第 5 行比较的两个字符串第 4 个字符分出大小，因此判定结果为 False。代码最后演示了 "in" 和 "not in" 两个运算符在字符串中的应用。

5.1.3.6 字符串分割及连接

Python 提供的输入函数 input() 获取的原始数据是字符串，需要对字符串进行分割解析，再进行下一步处理是常规操作，可见字符串分割十分重要。另外，print() 函数输出的最终结果也是以字符串的形式从内存中显示到屏幕上。因此，需要对程序的处理结果转化成字符串，再连接成满足要求的内容，这通常需要对字符串进行更高效地拼接，调用特定的函数完成。

字符串分割常用的函数是 split()，函数有两个参数，具体调用格式如下：

```
str. split (sep=None, maxsplit=-1)
```

其中，sep 参数为分隔字符串，maxsplit 参数为拆分的次数，默认值 -1 表示不限制拆分次数。

与该函数相似的是 rsplit() 函数，它从最右边开始拆分。函数的使用方法可以参考如下代码：

```
>>> '4, 5, 6'. split (', ')
['4', '5', '6']
>>> '4, 5, 6'. split (', ', maxsplit=1)
['4', '5, 6']
>>> '4, 5,, 6, '. split (', ')
['4', '5', '', '6', '']
>>> '4 5 6'. split()
['4', '5', '6']
>>> '4   5   6'. split()
['4', '5', '6']
>>> '4   5   6'. split (' ')
['4', '', '', '', '', '5', '', '', '6']
>>> '4<>5<>6'. split ('<>')
['4', '5', '6']
```

第 1 行代码以 '，' 作为分隔符，将字符串拆分为 '4'、'5'、'6' 三个部分，并组成列表。第 3 行调用 split 以 '，' 作为分隔符，拆分次数限定为 1，所以结果只对第 1 个 '，' 进行拆分，得到两个字符串组成的列表，第 2 个 '，' 未作拆分。第 5 行的字符串不规范，5 和 6 之间有两个 '，'，6 之后也有一个多余的 '，'，split() 函数进行拆分得到两个空字符串。第 7 行的 split() 函数没有传递参数，默认情况下 split() 函数以空格作为拆分分隔符，所以仍然得到三个元素的列表。第 9 行字符串中有多余的空格，这里特别需要注意，在不指定 sep 参数情况下，多个连续的空格被当作一个空格分隔符，所以仍然得到三个元素的列表。这里，如果 split() 函数中传入空格作为分隔符，如程序中的第 11 行，可以看到，多余的空字符串就出现在结果中了。最后的 split() 示例表明，sep 参数是可以由多个字符组成的。

5.1.3.7　字符串的拼接

字符串分割一般用于从 input() 函数得到的数据进行解析，而字符串的拼接一般用于 print() 函数之前的动作。字符串拼接常用的函数是 join()，用于将有序容器中的字符串元素用指定的字符或字符串连接成一个字符串。函数的具体调用格式如下：

```
str. join (iterable)
```

其中，iterable 参数就是进行连接的有序容器，但是其元素必须是字符串。示例代码如下：

```
>>> s= ['3', '5', '7']
>>> '+'. join (s)
'3+5+7'
>>> t= ('a', 'b', 'c')
>>> ', '. join (t)
'a, b, c'
>>> r='green'
>>> '-'. join (r)
'g-r-e-e-n'
```

示例代码给出了三种不同的有序容器使用 join() 函数前面指定的字符进行连接的例子。在使用 join() 函数时，join() 函数所属的字符串对象是连接符，将容器中的元素取出，将连接符插入元素之间，得到最终的字符串。

下面给出实际的问题案例说明字符串分割和连接的使用场景。

［例 5.5］读入 1 个 10 以内的正整数 n，输出 1~n 之间所有数的平方根表。输入输出格式参考样例。

样例输入：5

样例输出：

sqrt（1）= 1.00，sqrt（2）= 1.41，sqrt（3）= 1.73，sqrt（4）= 2.00，sqrt（5）=2.24

［分析］输出 n 个表达式，表达式之间用 ','分隔，最后一个表达式后没有 ','。这种形式可以将每个输出的表达式格式化为一个字符串，作为列表的元素，最后将列表使用 join() 函数用 ','将各个字符串连接。每个表达式中，sqrt 括号中的数值为整数形式，'='后面的根号结果保留小数点后面 2 位。根据以上分析，可以得到如下程序：

```
n = int (input())
res = []
for i in range (1, n+1):
    s = f'sqrt ( {i} ) = {i ** 0.5 :. 2f} '
    res. append (s)
print (', '. join (res) )
```

[例 5.6] 根据给定的符号，编写程序用给定的字符组成一个沙漏形状。所谓"沙漏形状"，是指每行输出奇数个符号；各行符号中心对齐；相邻两行符号数差 2；符号数先从大到小顺序递减到 1，再从小到大顺序递增；首尾符号数相等。每行输出应该是相同的字符数，若不足，则用空格补齐。

给定任意 N 个符号，不一定能正好组成一个沙漏。要求打印出的沙漏能用掉尽可能多的符号。首先打印出由给定符号组成的最大的沙漏形状，最后在一行中输出剩下没用掉的符号数。样例给出的 19 即为 N 的值，输出的沙漏中使用的 '∗' 的数量应该小于等于 19，样例中最后输出的 2 为剩余的未使用的 '∗' 的数量。

输入样例：19 ∗

输出样例：2

```
  ┌ * * * * *
  │   * * *
k ┤     *
  │     *
  └   * * *    ┐
    * * * * *  ┘ k
```

[分析] 首先计算沙漏需要使用的符号数量。沙漏的大小可以用所占用的行数衡量。假设用 m 表示打印出的沙漏所占用的行数。由于沙漏上下对称，上半部分的行数用 k 表示，那么 m＝2k+1。所以上半部分总的字符数量应该为

$$1+3+5+\cdots+(2k-1)=k^2$$

下半部分与上半部分只有中间一行是重复的，因此总的字符数量为 $2k^2-1 \leqslant N$。

由于 N 是给定的已知量，可以根据 N 解出 k 的值需要满足 $k \leqslant \sqrt{\dfrac{N+1}{2}}$，根据不等式可以求出最大的 k 值。有了 k 值，可以求出每一行的字符的数量，用字符串格式化中间对齐的方式打印沙漏的各个行。由于沙漏的各行的字符数量是先减少再增加的，直接让行号从 1 开始，程序会陷入复杂。这里可以让行号从 $-(k-1)$ 开始循环，一直循环到 $k-1$，可以与每行的字符数量产生简洁的数量的关系。例如在样例中，k＝3，那么行号 i 可以从 -2、-1、0、1、2 这样变化，那么对应的每行的字符数量就是 $2|i+1|-1$。根据分析，得到如下程序代码：

```
N, q=input(). split()
N = int (N)
k = int ( ( (N+1) /2) ** 0.5)
res= []
for i in range (- (k-1), k):
    t = 2 * (abs (i) +1) -1
    s = f' {q * t: ^ {2 * k-1} } '
    res. append (s)
print ('\ n'. join (res) )
print (N-2 * k ** 2+1)
```

程序在格式中采用居中对齐，占的位数用变量 2 * k - 1 进行控制。

5.1.3.8 去除字符串中多余的前后空格

对字符串进行分割后，由于输入格式的问题，经常会存在字符串前后有多余的空格的问题，Python 提供了三个函数来处理这个问题，包括 strip（）函数、rstrip（）函数、lstrip（）函数，分别表示去除字符串前后空格、去除右边的多余空格、去除左边的多余空格，以下示例代码是这三个函数的应用举例。

```
>>> s=' sabc '
>>> s. strip()
'sabc'
>>> s. rstrip()
' sabc'
>>> s. lstrip()
'sabc '
>>> s0=' abc  xyz '
>>> s0. strip()
'abc  xyz'
```

需要注意的是，字符串中间的空格是无法使用这三个函数去除的。

5.1.3.9 字符串的对齐

字符串对齐在字符串格式化时已经有涉及，在本节中，针对任意的字符串，可以按照指定的位数宽度要求进行填充，对齐方式包括左对齐（ljust）、右对齐（rjust）和居中对齐（center）。前 3 个函数的参数有 2 个，第 1 个参数表示指定的填充后的字符串的宽度；第 2 个可选参数表示填充的字符，默认填充字符为空格。

ljust（）函数的功能为左对齐，如果参数 width 大于原字符串长度，则右边填充指定字符；否则，直接返回原字符串的副本。rjust（）函数是类似的，只是对齐方式为右对齐，填充在字符串左边。center（）函数的功能是在字符串的两边对称填充指定字符。zfill（）函数类似于 rjust（）函数，但是只能用'0'字符进行填充。关于这些函数的用法参考如下示例。

```
>>> t='I Love China'
>>> t. ljust (20，'＊')
'I Love China＊＊ ＊＊ ＊＊ ＊＊'
>>> t. rjust (20，'$')
'$ $ $ $ $ $ $ $I Love China'
>>> t. center (20，'@')
'@@@@I Love China@@@@'
>>> t. zfill (20)
'00000000I Love China'
>>> t. center (10)
'I Love China'
```

[例 5.7] 根据输入的整数 n，输出 n×n 的田字格。

输入：4

输出：

　　[分析] 首先可以看到，输出的内容都是由有规律的多行字符串构成的。字符串第 1 行一定是由 '＋' 以及 '－－－－＋' 重复 n 次构成，可以用变量 updown 表示，也就是 updown＝'＋'＋'－－－－＋' ＊n。再看第 2 行，可以很容易观察到是由 '｜' 以及 '｜' 重复 n 次构成，表达为 mid＝'｜'＋'｜' ＊n。继续观察，发现每 1 行要么是 updown，要么是 mid。那么 updown 和 mid 是如何有规律地交织在一起的呢？仔细观察不难发现，纵向看是由 4 个 mid 和 1 个 updown 为一个单位重复 n 次，就完成了整个田字格的输出。田字格的规律图解如图 5.8 所示。

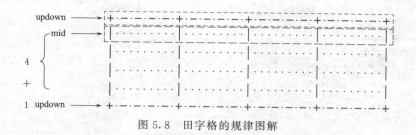

图 5.8 田字格的规律图解

根据以上分析，可以得到如下代码：

```
n = int (input())
updown = '+' + ('-' * 4 + '+') * n
mid = '|' + (' ' * 9 + '|') * n
res = [updown]
for i in range (n):
    res. append (mid)
    res. append (mid)
    res. append (mid)
    res. append (mid)
    res. append (updown)
out = '\n'. join (res)
print (out)
```

5.2 字典

字典是一种无序容器，可以认为是一种非整型索引的容器。从数据结构角度看，是一种映射类型，其关键特征是用 {} 表示容器的内容。内容按照键值对的方式组织字典的元素，这种方式与当前流行的 JSON 数据格式是相通的，也称为非关系型数据库（NO-SQL）。字典的键对应的是索引；字典的值对应元素存储的内容。因此，字典中要求键必须是不能修改的，元组和字符串都可以作为键的类型。

图 5.9 给出了字典与有序容器的存储结构。字典最主要的特点是键值之间的映射关系，键可以是任意只读类型的数据。而有序容器是以整数为索引，在存储位置上是有先后关系的。从 Python 的语法看，字典的特征是用大括号将数据包裹起来，表示字典数据的边界。

5.2.1 字典的创建

首先，字典可以直接用键值对的数据创建字典对象。以下示例创建了字典对象。

```
>>> d = {}
>>> d1 = {'one': 1, 'two': 2, 'three': 3}
>>> d2 = {x: x ** 0.5 for x in range (10)}
```

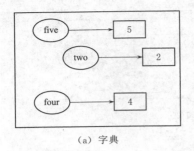

（a）字典　　　　　　　　　　　（b）有序容器

图 5.9　字典与有序容器

代码第 1 行创建了一个空的字典对象，第 2 行用键值对创建了字典对象，字典内容用大括号包裹，且键值之间用 ':' 分隔，每个键值对为字典的一个元素，元素之间用 ','分隔。注意，字典的键一定要用不可变的数据类型。第 3 行仍然使用大括号作为字典的特征，但是内容由推导式创建，以 0～9 的数字做键，对应数字的开方作为值。

另外，字典可以通过字典的构造器创建字典对象，构造器类似于函数，用参数指定键值对，代码如下：

```
>>> d=dict()
>>> d1=dict（Monday='1'，Tuesday='2'，Wednesday='3'）
>>> d2=dict（[（'Monday'，'1'），（'Tuesday'，'2'），（'Wednesday'，'3'）]）
```

构造器构建字典时可以用每个键值对作为关键字参数构建，也可以用列表作为整体传入字典的构造器。

5.2.2　字典内容的读取

根据字典的键，可以快速获取字典中该键对应的值。访问的语法与列表的元素访问的格式是相同的。若 d 为字典，那么访问 'one' 对应的值可以采用如下形式访问：d['one']。由于字典是无序的，所以不能切片获取字典的批量数据。

除了索引方式，还可以通过 get() 函数获取字典中对应的值。这种方法相对前面的索引方式的优势是，当查询的键不存在于字典中时，get() 函数返回 None，程序不会出错。函数的参数是待查询的键，返回的是字典的值。

关于字典内容获取的示例代码如下：

```
>>> d={'Monday': 1，'Sunday': 7，'Saturday': 6，'Tuesday': 2}
>>> d
{'Monday': 1，'Sunday': 7，'Saturday': 6，'Tuesday': 2}
>>> print（d['Monday']）
1
>>> print（d['Wednesday']）
Traceback（most recent call last）:
    File " <pyshell#28>"，line 1，in <module>
```

```
       print (d ['Wednesday'] )
KeyError：'Wednesday'
>>> print (d. get ('Tuesday') )
2
>>> print (d. get ('Wednesday', −1) )
−1
```

从示例代码可以看到，用索引方式获取'Wednesday'对应的字典值，由于键在字典中不存在而出错，但采用 get()函数获取，返回表示不存在−1，从而避免了程序出错。

5.2.3 字典内容的编辑与更新

修改或者新增字典项最简便的方式是通过索引操作，具体如下：

```
>>> d= {'Monday': 1, 'Sunday': 7, 'Saturday': 6，'Tuesday': 2}
>>> d ['Tuesday'] =9
>>> d
{'Monday': 1, 'Sunday': 7, 'Saturday': 6，'Tuesday': 9}
>>> d ['Wednesday'] =3
>>> d
{'Monday': 1, 'Sunday': 7, 'Saturday': 6，'Tuesday': 9，'Wednesday': 3}
```

可以看到，字典的更新与修改都可以通过索引操作完成。键'Tuesday'在字典中存在，那么赋值操作就是更新数据，因此'Tuesday'对应的值修改为9。键'Wednesday'在原来的字典中不存在，赋值操作是添加新的数据，因此字典中多了一个字典项'Wednesday'：3。

5.2.4 字典元素的删除

字典元素可以通过多种方式完成。clear()函数删除字典中的所有元素。pop()函数将指定的键对应的键值对项，popitem()函数移除一个键值对。del. 可以移除字典中的一个键值对，也可以移除整个字典。通过示例代码了解各个函数的使用。

```
>>> weekdays= {'Monday': 1, 'Tuesday': 2, 'Wednesday': 3，'Thursday': 4, 'Friday': 5}
>>> weekdays. pop ('Monday')
1
>>> weekdays
{'Tuesday': 2, 'Wednesday': 3，'Thursday': 4, 'Friday': 5}
>>> weekdays. popitem()
('Friday', 5)
>>> weekdays
{'Tuesday': 2, 'Wednesday': 3，'Thursday': 4}
>>> weekdays. clear()
```

```
>>> weekdays
{}
>>> del weekdays
>>> weekdays
Traceback（most recent call last）：
    File " ＜pyshell＃8＞", line 1, in ＜module＞
    weekdays
NameError：name 'weekdays' is not defined
```

代码中，创建了字典 weekdays，以星期名为键，对应的天数为值。然后调用 pop()函数将 'Monday' 为键的项从字典中删除。然后调用 popitem()函数删除最后添加进来的字典项。这里需要注意，字典没有顺序，该函数是根据字典项的添加顺序，后添加的先删除的原则进行操作。由于字典项中 'Friday' 是最后添加的，因此本次删除的是 'Friday'：5 这个字典项。接着用 clear 清空了字典，最后用 del 关键字删除字典对象所在的存储空间，weekdays 不再是有效的变量名。del 是 Python 系统自留的，对任何变量的删除都是有效的。

5.2.5　字典的视图

字典中有键和值，可以通过几种不同的视图函数获取相关的数据集合。Python 提供了 keys()函数获取字典的所有键组成的对象，items()函数获取字典的所有键值对的集合对象，values()函数获取字典的所有值的集合对象。这些函数都是针对字典的特有函数，返回的都是字典视图对象，是一种有序容器。可以使用遍历循环访问集合中的元素，也可以直接转化为熟悉的列表等容器进行后续的操作。下面演示三个函数的使用。

```
>>> weekdays＝{'Monday'：1，'Tuesday'：2，'Wednesday'：3，'Thursday'：4，'Friday'：5}
>>> for  e in weekdays. items()：
    print（e）
('Monday'，1)
('Tuesday'，2)
('Wednesday'，3)
('Thursday'，4)
('Friday'，5)
>>> for k in weekdays. keys()：
    print（weekdays［k］）
1
2
3
4
5
>>> v＝list（weekdays. values()）
>>> v
[1，2，3，4，5]
```

```
>>> for k in weekdays：
  print（k，）
Monday
Tuesday
Wednesday
Thursday
Friday
```

从代码中可以看到，通过视图对象可以遍历字典。需要注意的是，默认的字典遍历，是遍历字典的键，如以上代码最后一个循环。

［例5.8］给定一个字符串，其仅由小写字母组成，请编写程序统计每个字母出现的次数，输出格式参考样例。

样例输入：abcdsfdseadsfdsa

样例输出：a：3，b：1，c：1，d：4，e：1，f：2，s：4

［分析］构建一个以字母为键，次数为值的字典对象，先通过字典的推导式构建字典，初始化每个字母的出现次数为0。遍历输入的字符串，统计每个字母的出现次数，存入字典，最后按照格式输出。代码如下：

```
s=input()
d=｛chr（i+97）：0 for i in range（26）｝
for c in s：
  d［c］+=1
r=［］
for k in d：
  if d［k］：
    r. append（f"｛k｝：｛d［k］｝"）
print（'，'. join（r））
```

5.3 集合

在Python中集合与字典一样，是一种无序容器，没有位置先后的概念，容器中的元素不能出现重复。集合就像没有值只有键的字典，但与字典不同的是，集合中元素的访问只能通过遍历，不能单独访问集合中的元素。集合与其他容器不同的是，集合对象支持集合的并、交、差等数学运算。

5.3.1 集合的创建

集合创建的语法结构有两种：第一种方式通过在一对大括号中放入元素，元素间用"，"分隔。代码如下：

```
>>> ds= {'3', '2', '1', '2', 2, 3, 4}
>>> ds
{2, 3, 4, '1', '3', '2'}
>>> d= {3, 3.0}
>>> d
{3}
>>> d= {}
>>> type (d)
<class 'dict'>
```

从代码中可以看到，如果创建对象时，传入的数据有重复，最后结果只保留一个，因此可以通过这种方式进行数据去重。注意 3 和 3.0 是属于重复数据。在 Python 中，它们类型不同，但是数据的值是相同的。

另外需要注意的是，集合与字典都是用大括号作为数据元素的边界，区别是它们的元素结构不一样。如果是大括号中没有元素，默认是字典，不是集合。

第二种方式是通过构造器 set( )函数完成。可以将其他容器作为参数传递给构造器，构造器将构造包含参数指定内容的集合对象。示例代码如下：

```
>>> d= {}
>>> s=set (d)
>>> s
set()
>>> s=set ( {'3': 2, '4': 4} )
>>> s
{'4', '3'}
>>> s=set()
>>> s
set()
>>> s=set ('abc')
>>> s
{'c', 'b', 'a'}
>>> s=set ( ['abc'] )
>>> s
{'abc'}
```

从以上代码可以看到，用构造器可以很方便地创建空的集合。当字典作为参数构造集合对象时，仅仅把字典的键作为集合的元素，值被忽略。字符串传入时，构造器将字符串中的每个字符作为集合元素。如代码所示，若需要将字符串整体作为集合元素，可以将字符串作为列表元素，再把列表传入构造器进行构造。

5.3.2 集合的操作

Python 提供系列函数对集合进行增删，见表 5.4，但是不支持对集合中单个元素进行修改。

表 5.4   集 合 的 操 作 函 数

函　数	功 能 说 明
s. add（x）	将元素 x 添加到集合 s 中，如果已经存在，函数不执行任何操作
s. clear()	清空集合 s 中的所有元素
s. copy()	构造一个与集合 s 包含同样元素的集合
s. dicard（x）	将元素 x 从集合 s 中删除，不存在函数不执行任何操作
s. pop()	函数没有参数，随机从集合 s 删除一个元素，若集合为空，出现错误
s. remove（x）	将元素 x 从集合 s 中删除，x 不在 s 中，则出错
s. update（x，y）	函数可以有多个参数，功能是将参数中罗列的元素添加到集合 s 中

[例 5.9] 输入两个字符串，字符串都是由一些空格隔开的单词组成，请把两个字符串中相同的单词找出来，并按升序输出。

样例输入：

hello everyone good morning

hello there good evening

样例输出：

good hello

[分析] 用两个集合分别存储两个字符串。先将集合 1 中的所有元素存入结果集合 r 中，再用 for 循环遍历集合 1，把各个元素使用 in 检测是否在集合 2 中存在，如果不存在，则从集合 r 中删除该元素，最后得到的集合转化为列表，按要求排序输出。代码如下：

```
s1＝input(). split()
s2＝input(). split()
ds1 = set（s1）
ds2 = set（s2）
r = set（ds1）
for e in ds1:
  if e not in ds2:
    r. remove（e）
ans = list（r）
ans. sort()
print（* ans）
```

程序中用函数 remove() 删除集合元素。由于集合无法排序，因此最后的集合用 list() 函数转化为列表进行排序。

5.3.3 集合的运算

Python 中的集合区别于其他容器的主要特点是支持集合并、交、差等集合运算，相关运算的使用参考如下代码。

```
>>> a=set (" alarm" )
>>> b=set (" abandon" )
>>> c=set (" charm" )
>>> a-b
{'r', 'l', 'm'}
>>> a | b | c
{'d', 'h', 'l', 'm', 'c', 'n', 'a', 'b', 'o', 'r'}
>>> a & b & c
{'a'}
>>> a^b
{'d', 'b', 'o', 'l', 'm', 'n', 'r'}
>>> d=set (" char" )
>>> d<c
True
```

从代码中可以看到，"—"是集合的差。结果中，其元素属于集合 a，但不属于集合 b。"|"是集合的并，元素属于集合 a，或者属于集合 b，或者属于集合 c。"&"是集合的交，元素既属于集合 a，又属于集合 b，又属于集合 c。"^"是集合的补，是交集的反运算，元素属于集合 a，但不属于集合 b，或者属于集合 b 但不属于集合 a。

[例 5.10] 输入一序列数字，以空格分隔开，去除重复输入的数字然后再输出该序列内 7 的倍数及个位是 7 的数。

[分析] 构造两个集合，一个集合存 7 的倍数，另一个集合存个位是 7 的数，再求两个集合的并。代码如下：

```
s=list (map (int, input(). split()) )
a=set()
b=set()
for e in s:
  if e%7==0:
    a. add (e)
  if e%10==7:
    b. add (e)
c = list (a | b)
c. sort()
print ( * c, sep=', ')
>>> d<c
True
```

5.4 本章小结

本章介绍了 Python 中的各种常用容器。在 Python 中主要分为有序容器和无序容器。有序容器包括列表、元组和字符串。有序容器的共同特征是可以取出单个元素，切片取出部分元素的集合。另外，Python 提供了部分全局的函数可以应用到这些容器，常用的有 len() 函数、sum() 函数、max() 函数、min() 函数、sorted() 函数。除了全局的函数，每种类型的容器还有自己特有的操作函数，不能作用于其他类型的容器。在本章中对每种容器的常用函数，介绍了其用法，并穿插了典型案例演示函数的使用。

无序容器包括字典和集合。无序容器不能切片访问容器中的元素集合。字典可以通过键访问单个元素的值，也可以循环遍历字典的每个元素。本章介绍了用字典实现计数的典型应用。集合只能循环遍历各个元素，少了灵活性。但是其核心特点是可以去重，可以进行集合运算，并以案例剖析了集合的应用。

习　　题

一、选择题

1. 下面代码的输出结果是（　　）。

   list1＝ [m＋n for m in 'AB' for n in 'CD']

   print（list1）

   A. 错误　　　　　　　　　　B. ['AC', 'AD'. 'BC', 'BD']

   C. ABCD　　　　　　　　　　D. AABBCCDD

2. 执行如下操作后输出结果为（　　）。

   s＝ ['seashell', 'gold', 'pink', 'brown', 'purple', tomato']

   print（s [4:]）

   A. ['seashell', 'gold', 'pink', 'brown']

   B. ['gold', 'pink', 'brown', 'purple', 'tomato']

   C. ['purple', 'tomato']

   D. ['purple']

3. 以下代码执行后，集合 C 中元素的个数是（　　）。

   A＝ {1, 2, 3, 4, 1}

   B＝ {4, 5, 6, 7, 8}

   A. add（10）

   B. remove（8）

   C＝A & B

   A. 0　　　　　　　B. 1　　　　　　C. 4　　　　　　D. 8

4. 以下语句的执行结果是（　　）。

   fruits＝ ['apple', 'banana', 'pear']

107

```
print (fruits. index ('apple') )
```

    A. 0　　　　　　　B. 1　　　　　　　C. 2　　　　　　　D. 3

5. 对于字典 dic＝{1：2, '3'：'d', 'd'：2, 4：{1：2, 2：3}}，len（dic）的值是（　　）。

    A. 3　　　　　　　B. 4　　　　　　　C. 5　　　　　　　D. 6

6. 下列表达式的值为 True 的是（　　）。

    A. [3] in [1, 2, 3]　　　　　　　　　　B. 3 in [123]

    C. '3' in list ('123')　　　　　　　　　D. 3 in list ('123')

7. 使用元组而非列表的好处在于（　　）。

    A. 元组的大小不受限制

    B. 元组可以存放任意类型的数据作为元素

    C. 元组的处理速度比列表快

    D. 使用元组没有任何优势

8. 对于 for i in s：…语句，以下说法不正确的是（　　）。

    A. 如果 s 为字符串，则该循环执行时，i 取值会对字符串中的每个字符进行遍历

    B. 如果 s 为列表，则该循环执行时，i 取值会对列表中的每个元素进行遍历

    C. 如果 s 为字典，则该循环执行时，i 取值会对字典中的每个键值对进行遍历

    D. 如果 s 为集合，则该循环执行时，i 取值会对集合中的每个元素进行遍历

9. 关于 Python 的元组类型，以下选项中描述错误的是（　　）。

    A. 元组一旦创建就不能被修改

    B. 元组中元素不可以是不同类型

    C. 一个元组可以作为另一个元组的元素，可以采用多级索引获取信息

    D. Python 中元组采用逗号和圆括号（可选）来表示

10. 对于正确的表达式 a [2]，a 不可能是以下（　　）类型。

    A. 列表　　　　　　B. 元组　　　　　　C. 集合　　　　　　D. 字符串

二、编程题

1. 判断一个正整数是否为完数。完数定义：一个数的所有因子（包括 1）之和等于它自身，这个数就是完数。比如 6＝1＋2＋3，6 是完数。

2. 输入多正整数存入列表 t 中，将列表 t 中的素数提取到列表 a 中，将非素数提取到列表 b 中。

3. 在某个演讲比赛中，若干评委要给选手评分，评分规则是去掉一个最高分和一个最低分，求出剩下分数的平均分。输入一组用空格隔开的整数序列，输出去掉最高分和最低分后的平均分。

4. 编写程序，实现一个简单的交互式计算器，能够完成四则运算（加、减、乘、除）。要求用字典实现。表达式分 3 行输入，第 1 行输入一个数，第 2 行输入一个运算符，第 3 行输入另一个数，输出保留 2 位小数，若分母为 0，则输出 "Divided by Zero"。

5. 某校以投票方式评选优秀作品，每张选票仅填一个作品编号。小李收集了全部选票。现要求从全部选票中统计每个作品的票数。

输入读取同学小李收集的选票编号，最后输出排名前三的作品及其票数。

输入一行输入作品编号，编号之间以空格隔开，回车表示输入结束。

输出排名前三的选票编号及对应的票数。

6. 输入一个字典内容，包含若干学生的课程成绩，统计每门课程的平均分，并按从高到低的顺序输出课程及其平均分（保留1位小数）。

输入样例：

｛'徐丽'：｛'语文'：88，'数学'：90，'英语'：98，'科学'：95｝，'张兴'：｛'语文'：85，'数学'：92，'英语'：95，'科学'：98｝，'刘宁'：｛'语文'：89，'数学'：89，'英语'：90，'科学'：92｝，'张旭'：｛'语文'：82，'数学'：86，'英语'：89，'科学'：90｝｝

输出样例：

科学平均93.8分

英语平均93.0分

数学平均89.2分

语文平均86.0分

7. 计算交错序列 $1-2/3+3/5-4/7+5/9-6/11+\cdots$ 的前 N 项之和。

8. 要求读入一个整数 n，输出所出现不同数字的和。例如：用户输入 123123123，其中所出现的不同数字为 1、2、3，这几个数字和为 6。用户输入 31415926，其中所出现的不同数字为 1、2、3、4、5、6、9，这几个数字和为 30。

9. 要求读入一个字符串，统计字符串中每个字符出现的次数，输出出现次数最多（输入的数据中，出现次数最多的字符唯一）的字符以及次数。

10. 我国 18 位身份证号码的第 1～6 位表示出生地编码，第 15～16 位表示在该地区的出生序号，请输入一个 18 位的身份证号，获取该身份证所在地区及在该地区出生人口的序号，并输出："当天出生于××××地区的第××个人"。

第 6 章
编写函数提取股票价格特征

学习目标

◇ 能够正确编写函数的定义，并能够正确调用函数的功能。
◇ 能够理解函数的形参与实参的区别。
◇ 能够说出全局变量和局部变量的区别。
◇ 能调用常用内置函数解决实际的问题。
◇ 能够设计简单的递归函数，说出递归函数的执行过程。
◇ 能说出可变参数与不可变参数的不同。

6.1 引言

在前面的章节中，我们已经知道了很多功能函数在 Python 中是如何使用的，例如实现输出功能的 print() 函数、实现输入功能的 input() 函数、求列表长度用 len() 函数、求列表元素和用 sum() 函数等。通过这些函数的使用，我们了解了函数的调用方法。本章将进一步介绍函数的定义以及参数传递等更高级的内容，使读者能够掌握更加复杂的程序编写方法。

函数最重要功能是通过编写函数降低代码冗余，简化开发过程，提高开发的效率。随着程序规模不断变大，可能在同一个程序中，需要多次编写完成相同功能的代码。最典型的例子就是 print() 函数功能，几乎所有的程序都需要使用 print 的功能实现输出，如果每次编写程序，都需要程序员编写一次 print() 函数的功能，那 Python 就很难被称为好用的程序语言了。因此，将常用的功能包装成函数的形式，随时可以调用，从而简化开发是所有程序语言都必须具备的基本能力，这就是函数。Python 语言的特色之一就是提供了大量的内置函数供程序员调用以提高程序的编写效率。

与前面一样，我们仍然以股票数据处理为例介绍函数。预测股票价格需要研究股票的历史数据的特征，如最近连续 10 天的股票价格的高位平均、低位平均、方差、价格中位数、最低价、最高价。由于每次分析当前股票数据特征进行股票价格预测时，都需要计算这些特征，因此可以编写函数计算股票价格特征，以方便后续用到时直接调用进行计算。

函数包括函数定义和函数调用。函数定义是说明函数功能的实现细节。具体来说，将一段具有完整功能的代码模块进行命名，就是函数定义。所以，函数可以称为一段有名字的代码。函数调用实质是执行函数定义中规定的代码，传递需要的参数以及处理结果。下面具体介绍函数的这两方面知识。

6.2 函数的定义与调用

在 Python 中，用关键字 def 定义函数。下面的代码示例中定义了一个名称为

sayhello()的函数，实现输出 3 行字符串。"sayhello"是函数的名称，名称后面接一对小括号，括号中包含可选的参数，本例中没有参数。括号之后是一个冒号，提示后续的代码段为函数体，作为函数体的代码段必须相对于 def 有缩进，表示函数的内部。在例子中，3 个语句为函数的函数体，也就是函数需要实现的功能代码。

```
def sayhello():
    print ('Hello, everybody! ')
    print ('good to see you! ')
    print ('bye bye! ')
```

将该代码保存为 Python 源文件，然后在已打开的 Python Shell 中进行调用，就可以显示调用的结果了，如下就是该函数在 Shell 中的调用结果。

```
>>> sayhello()
Hello, everybody!
good to see you!
bye bye!
```

需要注意的是，与函数定义不同，函数调用只需要写函数的名称与括号就可以了，如果有参数，需要在括号中写入实际的参数。

函数的使用大大提高了代码的可维护性。例如，对于以上函数 sayhello，如果在每个程序中都需要 sayhello，那么我们每次只需要调用 sayhello()函数即可。这样调用的 sayhello 功能每次都是一样的，不会出现功能不一致的情况。另外，需要修改函数的功能，只需要修改函数体就能完成，函数调用不用改变。

在函数定义中，函数的名称非常重要，需要仔细推敲。首先，函数的名称需要符合 Python 的命名语法。最重要的是函数的名称需要反映函数的功能，就像 Python 中的 print()、input()等函数，一看到名字就知道函数是什么功能。编写完函数定义，由于时间长久，记不得函数的具体实现细节很常见。但是如果给函数取的名字恰当，根据函数的名称就可以推断函数的功能。

编写程序时，通过使用函数就能少写很多重复的代码，实现代码重用。例如调用编写的 sayhello()函数，实际执行输出 3 句话的功能。

从前面的内容我们知道了函数的第一个作用就是用名称表示一个代码段，以实现某个功能。函数是一段功能代码，功能是用于处理数据，如果函数代码不会因为处理的数据不同而改变，那函数的可用性就能大大提高。函数参数的设计就是用来装载函数要处理的数据，参数可以改变，功能不变，也就是可以将函数的功能与处理数据进行分离。比如我们在使用洗衣机时，可以认为洗衣机是一个函数，我们可以指定洗涤的方式、洗涤的时间，还可以选择放入洗衣粉的量等等，这些就是我们与洗衣机交互的参数，或者洗衣机要处理的数据。如下列代码就是一个有参数的函数定义。

```
def 洗衣服 (衣服，洗衣粉，时间，方式)：
    print ('把衣服放进桶里')
    print ('加水')
    print (f'加 {洗衣粉}')
    print (f'洗衣服的时间设定：{时间}')
    print (f'洗涤方式：{方式}')
```

　　函数根据给定的参数执行，执行结束后有一个结果返回给调用者。例如调用以上洗衣服的函数，需要知道洗涤完成后是否正常完成洗涤程序，还是中间出现异常结束了，这时需要一个表示结果的量反馈给调用者，称为返回值。将上述程序稍作修改，就可以得到有返回值的洗衣服程序，如下代码所示。从程序中可以看到，用 return 语句可以返回一个任何类型的数据给调用者。需要注意的是，return 在函数中除了能够传递函数运行结果，还表示函数结束执行。

```
def 洗衣服 (衣服，洗衣粉，时间，方式)：
    print ('把衣服放进桶里')
    print ('加水')
    print (f'加 {洗衣粉}')
    print (f'洗衣服的时间设定：{时间}')
print (f'洗涤方式：{方式}')
return 'OK'
```

　　至此，可以总结出使用函数的几个关键要素。从函数的定义方面，函数包括函数的名称、函数的参数、表示函数的代码块（函数体），以及表示函数结果的 return 指令。从函数调用角度看，只需要了解函数的功能，写上函数的名称和函数的参数，就可以执行函数了。

6.3　设计函数解决实际问题

　　下面介绍利用函数从解决实际的问题，进一步提高对函数的认识。
　　［例 6.1］编写一个函数判断一个正整数是否为素数。
　　［分析］编写这个函数的思考方式是这样的。首先需要考虑函数要实现什么功能，再考虑处理什么数据，数据从哪里来，结果是以什么方式呈现，最后考虑功能要怎么用代码实现。函数要实现素数判断的功能，需要处理一个正整数，这个正整数应该作为函数的参数传递进来，函数的处理结果应该是布尔类型的数据，表示判断的结果是或者否。最后思考如何用 Python 代码实现判断一个数是否为素数的功能。完整代码如下：

```
def IsPrime (k)：
    for i in range (2, k)：
```

```
        if k%i==0：
            return False
    return True
>>> IsPrime（5）
True
>>> IsPrime（10）
False
>>> IsPrime（13）
True
>>> a=98
>>> IsPrime（a）
False
>>> IsPrime（a*3+1）
False
```

应用素数判断的函数，我们可以将任何一个大于 1 的正整数作为函数参数传递到函数中去，得到一个是否为素数的结果。如果函数执行的结果为 True，那么传递的正整数就是素数；反之则不是素数。

以上代码显示了该函数在不同情况下的调用结果。可以看出，函数的实际参数可以是一个常数值，也可以是一个变量所表示的正整数，或者是一个表达式。将待判断的正整数设置为参数，那么函数就能够将任意正整数作为函数参数传递给函数进行判断，实现了数据与功能的分离。

思考一下，如果将该函数设计成无参数的函数会怎么样。显然，函数没有参数，那么函数就无法针对不同的正整数进行素数判断。可以说，无参函数将判断的整数与函数功能进行了绑定。如下代码所示，第二个无参函数只能对 101 进行判断，函数可用性将受到很大的影响。

```
def IsPrime（k）：
    for i in range（2，k）：
        if k%i==0：
            return False
    return True
#########################
def IsPrime()：
    k = 101
    for i in range（2，k）：
        if k%i==0：
            return False
    return True
```

利用以上设计的函数来完成一个更加复杂的例子，进一步观察函数如何简化程序的设计。

[例 6.2] 编写程序，求区间[m,n]内的所有可逆素数。程序接受一行的输入，包括两个以空格分隔的整数 m 和 n，输出一行以空格分隔的可逆素数。

[分析] 题目要求输出一个区间中满足要求的所有数，应该想到用 for 循环进行区间的遍历，每一次循环遍历，针对当前的整数，采用判断语句进行判断，若满足要求则存储至一个表示结果的列表中，循环结束，输出列表中所有的元素即可。

根据以上分析思路，可以设计出如图 6.1 所示的程序框架。

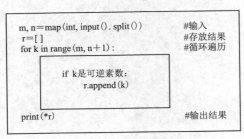

图 6.1　可逆素数判断程序设计框架

接下来聚焦如何设计程序完成对可逆素数的判断。这里可以采用直接编写程序完成 k 的判断，或者采用函数完成。首先分析第一种设计方案。根据可逆素数的定义，一个素数将其各个数位倒过来组成的新的整数如果也是素数，那么就称为可逆素数，可以编写如下完整的程序如图 6.2 所示。此设计方案将所有的程序功能都分布在一个代码块中，变量较多，逻辑容易混乱，程序编写出错率较高，且不易进行修改维护。特别对于初学者，驾驭程序的能力不足，很容易出现逻辑错误，且调试难度也比较大。

采用函数的设计方案是先设计一个判断素数的函数，再设计一个函数判断可逆素数，其中调用函数完成素数判断。具体的设计方案如图 6.3 所示。从图中可以看出，函数设计方案各个模块边界清晰，各个模块功能代码简洁易读，层次更加分明。

从以上设计案例可以发现，函数拥有以下几个优点：①函数能够使得复杂程序简单化，逻辑层次更加分明，可读性更高；②函数的程序更加容易维护。例如以上可逆素数的

图 6.2　不采用函数的设计方案　　　图 6.3　采用函数的设计方案

判断程序，如果需要提高素数的判断效率，优化素数判断程序，仅需要修改 IsPrime() 函数，而无需修改程序的其他部分。

6.4 函数的参数传递

函数定义时，写在函数名称后括号中的参数称为形式参数。函数调用时被放入函数名称的括号中的参数称为实际参数，实际参数将数据传送给形式参数，再执行函数的过程，就是函数调用。以上例子的函数调用中，实际参数是根据函数定义中的形式参数顺序依次进行传递。实参的数量与顺序必须与形参的数量顺序一致，否则函数调用会报错。这种参数传递方式称为位置参数传递。以下程序中再给出一个函数调用的例子，以考察这种参数调用方式的特点。

```
def seekvalue (a，b，c，d)：    #a、b、c、d 为函数的形式参数
    m = max (a, b)
    mn = min (c, d)
    return max (m, mn)
################################
x, y, u, v = list (map (int, input(). split()) )
r = seekvalue (x, y, u, v)    #x 传值给 a，y 传值给 b，u 传值给 c，v 传值给 d
```

除了位置参数传递方式，Python 语言还提供了另外一种更加灵活的函数调用方式，称为关键字参数传递方式。函数调用时，实参通过指定参数名称的方式识别对应的形参。以上代码定义的函数，可以通过以下的关键字参数方式调用。

```
x, y, u, v = list (map (int, input(). split()) )
r = seekvalue (a=x, c=y, b=u, d=v)        #x 传值给 a，y 传值给 c，u 传值
                                          #给 b，v 传值给 d
```

可以看出，使用关键字参数的方式进行函数调用，更加灵活，且无需关注函数的参数顺序。这里的关键字指的是形参的参数名称，等号后的参数为实际参数。

在 Python 语言中，为了进一步提高函数的可用性，设计了函数的参数默认值，配合前面提到的关键字参数的函数调用，可以让调用者只须关注与当前上下文相关的参数值，简化了复杂函数的调用。通俗地说，参数默认值可以让对函数缺乏相关了解的调用者也能顺利使用函数的功能。例如，客户需要一部手机，手机由手机工厂生产，这里的手机工厂可以认为是一个函数，客户就是一个函数调用者。那么该客户需要提供完整的参数，既包括手机尺寸、颜色、操作系统、电池容量等基础参数，还需要提供手机内部的天线、布局、排线、电路设计等非常专业的参数。但实际上，大多数客户是提供不了专业的参数的。客户一般只能提供少量业余的基本参数。手机工厂如果需要生产满足客户要求的手机，常用的做法就是将专业的参数设置默认标准的值。客户仅提供少量业余参数就可以定

制手机；如果遇到手机专家这种客户，又可以提供专业的参数设定制造手机。总之默认参数值可以提供多种版本的函数。下面举例说明该知识点的应用。

[例6.3] 编写函数求两个点之间的直线距离。函数参数为两个点的坐标，函数返回距离值。要求给后一个点的坐标指定默认值，当函数调用时如果给定一个点的坐标，默认另外一个点是原点。

[分析] 根据题目要求，函数体执行的内容是根据两个点的坐标按照距离公式计算距离，并返回其距离值。根据默认值的设置要求，设计代码如下：

```
def dist (x1, y1, x2＝0，y2＝0):
    d = (x1－x2) * (x1－x2) + (y1－y2) * (y1－y2)
    d = d ** 0.5
    return d
x, y = list (map (int, input ('请输入点的坐标 (以逗号分隔)：'). split () ) )
d = dist (x, y)
print (f'点到原点的距离为：{d:. 2f} ')

x1, y1, x2, y2 = list (map (int, input ('请输入需要计算距离的两个点坐标 (逗号分隔)：'). split () ) )
d2 = dist (x1, y1, x2, y2)
print (f'该两点的距离为：{d2:. 2f} ')
```

需要注意的是，具有默认值的参数必须是参数列表中最右端的参数。换句话说有默认值的参数右边不能出现没有默认值的参数，否则可能会出现函数调用歧义，编译器无法正确处理。

6.4.1　可变参数与不可变参数

函数参数可以不指定类型，在实际调用时必须明确实际的参数类型。不同类型的实际参数传递到函数中表现出来的性质也不同。基本数据类型作为函数参数时采用传值的方式，只能由实参单向传递给形参，包括整型、浮点型、布尔型、字符串、元组。除了这些类型外，其他复合类型作为函数参数传递时采用的是引用传递，其特点是形式参数在函数内的修改能够影响函数实参的值。具体可以参考以下案例进行理解。

[例6.4] 编写函数将一个列表中每个元素都减去平均值。

[分析] 先求列表中所有元素的平均值，再通过循环遍历每个列表元素，减去平均值。具体程序如下：

```
def discard _ avg (arr):
    avg = sum (arr) /len (arr)
    for i in range (len (arr) ):
        arr [i] －= avg
s = list (map (int, input (). split () ) )
```

```
discard _ avg（s）
print（＊s，sep＝'，'）
```

以上程序中 s 是一个输入的列表对象，作为实参传递给 discard _ avg()函数中的形参 arr，函数中形参 arr 中的元素值被修改了，从而影响了实参 s 中元素的值，因此主函数输出的 s 中的值已经是被减去了平均值的结果。具有这种性质的参数传递可以称为参数值的双向传递。具体来说，实参可以将数据值传递给形参，形参的值的改变也可以影响实参的值。下面再举一个单向传递的参数类型，读者可比较学习，加深印象。

［例 6.5］编写函数将字符串中的每个单词首字母都改为大写，其中字符串作为函数形参，且其中是以空格作为单词间的间隔符号。

［分析］首先本题要求将字符串作为函数参数，并对其进行修改，而字符串作为不可修改的对象，是不能通过传引用的方式进行双向传递的，所以本题通过返回值的方式将处理结果进行回传。具体代码如下：

```
def word _ capital（s）：
    t ＝ s． split()
    t ＝ list（map（str． strip，t））    ♯去掉每个单词的前后空格
    r ＝ []
    for e in t：
        r． append（e [0]． upper()＋e [1:]）
    return r
lst ＝ input()
res ＝ word _ capital（lst）
print（＊res，sep＝' '）
```

程序中变量 lst 代表待处理的包含单词的字符串，函数调用返回的结果存到变量 res 中，在主函数中进行输出。本案例采用返回值进行结果回传，解决了字符串类型不能双向传递的问题。

6.4.2　不定参数

Python 函数在调用时可以提供比函数声明时更多的参数，这个特性在实际的应用中非常有用。例如内置函数 max()，可以求任意多个数值的最大值。

函数设计时若需要可变数量的位置参数，可以在可变参数名字的前面加 ＊。下面针对具体的程序案例进行分析。

［例 6.6］［最大均值］编写函数 maxa()，求任意多个学生的语文、数学成绩的平均值的最大值。函数参数为任意多个语文、数学成绩二元组组成。

［分析］根据题意编写函数，以语文、数学两个字段组成的任意多个成绩的元组为可变参数，计算这些成绩的平均值，并返回平均值最大的语文、数学组合。具体代码如下：

```
def arg_max_avg (*data):
  r = []
  for e in data:
    r.append (sum (e) /2)
  mavg = max (r)
  idx = r.index (mavg)
  return data [idx]
lst = []
while True:
  s = input()
  if s == 'stop':
    break
  y, s = map (int, s.split())
  lst.append ( (y, s) )
res = arg_max_avg (*lst)
print (*res)
```

在以上代码中，主程序通过循环输入构建一个列表，列表中每个元素包括两个关键字，分别表示语文成绩和数学成绩，将列表作为函数实参，调用函数 arg_max_avg()。这里需要注意的是，列表不是直接作为函数实际参数进行传递的。函数定义时设计的形式参数为可变位置参数 "*data"，其中的 "*" 表示收集从实参传递过来的所有参数，然后放入一个用 data 表示的元组中作为函数的形参。函数被实际调用时，传递的是 "*lst"，其中 * 的含义是将列表 lst 分解成单个元素，组成可变参数集传递给函数的形参，而并非将列表 lst 作为一个整体对象传递给函数的形参。

以 print() 函数的调用为例说明在传递实际参数时 "*" 的作用。"print (* [3，4，5])" 与 "print (3，4，5"）的结果是相同的。作为函数实参时 "* [3，4，5]" 的作用是将列表转化为 "3，4，5"，这个过程称为列表的解包，由原来的一个对象 "[3，4，5]"，解包成为 "3，4，5" 三个对象。解包运算同样可以用于元组和字典。在实际的编程中解包运算是很重要的技巧，因此再举几例以掌握其用法。

```
x= {'a': 12, 'b': 22, 'c': 88}
print (*x)     #注意这个代码执行结果，字典的解包运算只是针对字典的键进行解包
r = [*x, * ['p', 'q', 'r'] ]  #解包不仅可以用于函数的实参传递，也可以用于列表创建
```

综上可以总结如下："*" 在函数定义时用于表示可变参数，即从函数调用中收集实参放入可变参数的元组对象。"*" 在函数调用时用作解包运算，将一个复合数据对象解包为多个元素对象。在以上案例中，当然不仅能用解包运算进行函数调用，也可以采用普通的调用。例如可以这样调用：arg_max_avg ((88，90)，(70，99)，(69，78))，也就是可以将任意多个二元组直接作为函数参数进行调用。

在 Python 中,函数除了位置参数,还可以用关键字参数进行调用。同样,可变参数也可以用关键字参数的方式定义形参,采用"∗∗"方式以示与位置参数方式的区别。下面采用案例解析的方式介绍这种使用方式。

[例 6.7] 今日股票交易结束,需要对今日数据进行校正。股票数据用字典表示,包含大盘开盘价、收盘价、最高价、最低价,涨幅,交易量等属性,设计函数可以对任意一个或多个属性值进行修改。具体代码如下:

```
def updateData（∗∗kv）:
    today _ record = {'max _ price': 1300, 'min _ price': 1204, 'open _ price': 1234,
'close _ price': 1245, 'amount': 123453, 'rate': 0.06}
    for key in kv:
        today _ record［key］= kv［key］
updateData（max _ price=1304,amount=123420,rate=0.0578）
dct = {'min _ price': 1202, 'close _ price': 1246}
updateData（∗∗dct）    ＃字典解包作为函数参数
```

以上代码中,函数调用参数采用关键字参数来对应函数定义中的可变关键字参数。可以看出,函数定义中的"∗∗"表示收集函数调用中的关键字与值组成的键值对,放入形参字典 kv 中,作为关键字参数的一项。另外从代码中可以看到,函数调用也可以在字典前加"∗∗",将其解包成多个键值对作为参数,传给形参,形参通过"∗∗"收集各个键值对压缩成一个字典在函数中使用。

当一个函数中既有一般位置参数、又有可变位置参数以及可变关键字参数时,可变关键字参数总是放在最右边,然后是可变位置参数,最后是一般位置参数放在最左边。

6.5　局部变量与全局变量

函数是一个封闭的区域,这样一个区域称为程序的域,域一般也可以称作模块。在主程序中定义的变量,其作用域往往从定义的那行开始一直到程序结束,这样的变量称为全局变量。函数体中声明的变量其作用域仅在函数内部是有效的,这样的变量称为局部变量。在同一作用域(主程序或某个函数中)同样名称的变量语义是一致的。如下所示的代码,仔细辨别 avgs 变量的含义。

```
avgs = 'abc'            ＃变量 avgs 指代字符串对象'abc'
avgs = avgs + 'bcd'     ＃将字符串'abc'与字符串'bcd'连接,用变量 avgs 指代
                        ＃结果字符串
print（avgs）            ＃输出变量 avgs 所指代的内容
```

在以上代码片段中,变量 avgs 所指代的内容都是确定的唯一内容,即变量语义是一致的。

进一步思考一下，如果两个不同域中出现两个相同名称的变量，Python 将如何处理呢？以下示例代码说明了相同名称变量在不同作用域下的情况。

```
avgs = 'global-init'        #变量 avgs 在主程序中，为全局变量
def func():
    avgs = 'local-init'     #变量 avgs 在函数中声明，为局部变量，作用域仅限函数中
    avgs += '-plus'
    return avgs
print (func())
print (avgs)
```

以上代码片段中，在主程序和函数 func() 中都声明了变量 avgs，同样的变量名称在不同的域中是允许的。但要注意，它们指代的内容不同，作用域也不一样。执行以上代码片段，第 1 行输出 "local-init-plus"，是函数内的变量内容返回的结果。第 2 行输出 "global-init"，是全局变量指代的内容输出的结果，与函数中的同名变量无关。

请读者思考一下，以上程序代码中，若删除第 3 行代码，程序的执行结果将会如何？

思考分析：若删除第 3 行，那么函数内的 avgs 变量将没有声明，那么原来第 4 行程序的代码将无法正确执行，Python 将报编译错误，提示局部变量 avgs 不存在。因为第 4 行使用的复合运算符 "+=" 相当于 "+" 和 "=" 的合体，代码等价于 avgs=avgs + '-plus'。在 "=" 的右边，编译程序认为 avgs 是全局的，而在 "=" 的左边，编译程序则认为 avgs 是局部声明。当出现这种矛盾时，编译程序认为函数内部是存在局部变量 avgs，那么函数内部引用的变量应该都是局部的，包括 "=" 右边的 avgs，这种处理方式导致系统认为 avgs 还没有定义赋值就被引用了，最终导致了程序错误无法执行。

以上案例引出了一个重要结论：全局变量与局部变量如果具有相同的名称时，在局部的作用域引用该同名变量遵循局部屏蔽全局的原则。

那么如果在某些特殊场合，需要引用全局变量，可以用关键字 global 声明，表示后面用到的同名变量指的是全局变量，而非局部变量。

6.6　匿名函数

Python 中除了常规的函数定义，还可以定义表达式形式的函数，用于将函数定义嵌入到表达式中，称为匿名函数。Python 使用关键字 lambda 定义匿名函数，可以拥有任意数量的形式参数，但是函数体只能用一个表达式表达函数的功能，没有 def 关键字，也没有 return 语句。匿名函数没有函数名称，但函数定义可以赋值给变量，更重要的是可以作为函数的参数传递给其他函数，可以大大简化程序的设计。下面举例说明其用法。

［例 6.8］从键盘输入一组以空格间隔的整数，求这些整数的各个数位和，并输出。

［分析］Python 将输入的一组整数作为一个字符串，然后将字符串以空格为间隔符分割为一组数字字符串，再将各个数字字符串分离成单个数字字符，转化为整数数字后求和。本题需要将字符串列表中的每个元素逐个处理，采用 map() 函数可以简化程序的设计。具体代码如下：

```
data = list (map (lambda x：sum (map (int，list (x) ) )，input()．split()) )
print (＊data)
```

以上代码片段中的第 1 行采用函数的嵌套调用将多个功能代码组合到一个表达式中，在 Python 中是十分常见的程序编写技巧，读者应该学会阅读这样的程序，并学习这种编写方法。代码中嵌套调用的程序解析如图 6.4 所示。图中对每层函数的功能以及与外层函数的调用关系做了详细分解，请仔细体会。下面再举例说明匿名函数的应用。

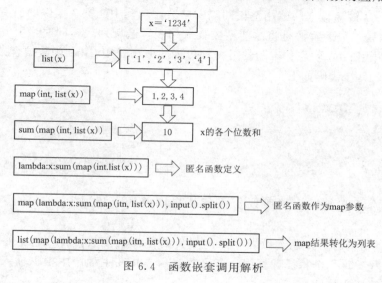

图 6.4 函数嵌套调用解析

［例 6.9］输入若干学生就业的行业名称，以空格隔开，请统计各行业就业的学生数量，按数量从高到低的方式输出各个行业，每个行业输出一行，格式为"行业名称：学生人数"。

［分析］首先以行业名称为键，行业学生人数为值构建字典。字典初始化为空，接着遍历每位学生的行业，并记录各个行业的学生人数变化，最终得到的字典即为各个行业的就业人数。然后还需要根据人数对行业进行排序。由于字典是无序数据容器，因此首先将字典转化为以二元元组为元素的列表，然后用 sort() 函数，同时用匿名函数指定排序关键字完成排序。具体代码如下：

```
d＝ {}
s = input()．split()
for e in s：
```

121

```
   if e in d:
      d [e] +=1
   else:
      d [e] =1
r = list (d. items())
r. sort (key=lambda x: x [1], reverse=True)
for e in r:
   print (f" {e [0] }: {e [1] } ")
```

代码中采用列表的 sort() 函数对列表对象进行排序，列表又是字典转化而来的多关键字序列数据，排序需要用匿名函数指定排序关键字，再传递给关键字参数 key。另外 reverse 参数取值为 True 表示降序排列。

［例 6.10］从键盘输入一些用空格间隔的整数，求其中能被 7 整除的所有数的和。

［分析］该题一般的解法是将这些整数装入列表，遍历列表，同时用 if 语句滤出满足条件的整数，并用 sum 求和。本题的另一种可行的方法是用 filter 函数结合条件匿名函数完成数的筛选。具体代码如下：

```
d = list (map (int, input(). split()) )
r = list (filter (lambda x: x%7==0, d) )
res = sum (r)
print (res)
```

下面针对本章开始提出的股票价格特征提取问题，利用 Python 的函数知识编程解决。

［例 6.11］编写计算一组连续若干天的股价的特征的函数，特征包括平均值、方差、标准差、中位数。每一个特征计算用一个函数表示，并在主程序中根据输入的一组股价，输出这组股价的各个特征。

［分析］根据各个统计特征的定义，针对一组数据独立计算对应的特征值，函数以股价数据为参数，计算的特征值为函数返回值，最终在主程序中输入数据，输出对应的值，从而实现输入数据与函数功能的分离。具体代码如下：

```
def ave _ price (data):
   avg = sum (data) /len (data)
   return avg
def var _ price (data):
   ave = ave _ price (data)
   d = []
   for e in data:
      d. append ( (e-ave) ** 2)
```

```
    return sum (d) / (len (d) −1)
def std_price (data):
    v = var_price (data)
    return v ** 0.5
def mid_value_price (data):
    s=sorted (data)
    return s [len (data) //2]
data = list (map (float, input(). split()))
print (f'average= {ave_price (data):. 2f} ')
print (f'variance= {var_price (data):. 2f} ')
print (f'standard deviation= {std_price (data):. 2f} ')
print (f'mid_value= {mid_value_price (data):. 2f} ')
```

6.7　函数的递归调用

函数除了能被其他函数调用，还能够自我调用，称为递归调用。递归在计算机编程中是十分重要的编程思想，是通往高级程序设计的关键桥梁。本节通过两个案例阐述其基本思想。

[例 6.12] 求累加和 $1+2+3+\cdots+n$，其中 n 是从键盘输入。

[分析] 本题可以用循环解决，也可以通过列表生成式及 sum() 函数完成求和。这里将提供一种递归的方法求解。首先从逻辑上阐述递归的思想。假定用 $S(n)=1+2+3+\cdots+n$，其中 n 一般可以取任意正整数，所以 $S(n-1)=1+2+3+\cdots+n-1$。通过以上两个式子可以得到这样的表达式：$S(n)=S(n-1)+n$。通过观察可以发现，我们构建了 $S(n)$ 与 $S(n-1)$ 之间的关系。这个关系就是递归表达式。根据递归表达式编写递归程序如下：

```
def  S (n):
    return S (n-1) +n
```

很显然，以上程序将陷入无穷递归。例如调用 $S(4)$，根据程序必然会调用 $S(3)+4$，然后 $S(3)$ 会继续调用 $S(2)$，…，函数将无法结束调用，如图 6.5 所示是以上函数的递归调用逻辑。

由上可以得知，递归函数需要设定递归边界，使得函数能够结束递归。针对上述累加和的递归函数，可以设定求和的边界是 n=0。重新修改程序可以得到如下：

```
def  S (n):
    if n==0:
```

```
    return 0
  return S（n-1）+n
```

添加递归边界后的递归调用过程如图 6.6 所示，虚线表示函数调用结束返回。

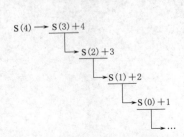 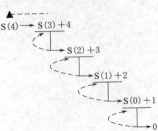

图 6.5　累加和的无限递归调用　　　图 6.6　累加和的递归调用

通过该案例，我们了解到递归函数的设计除了设计递归式，还需要确定递归的边界条件，从而防止程序无限递归。下面举例再次阐述递归程序的设计。

［例 6.13］有 n 个台阶的阶梯，可以选择每一次跳 1 个台阶，也可以选择跳 2 个台阶，当最终跳到第 n 个台阶（阶梯的顶部），请问有多少种不同的走法。

［分析］首先根据题意进行特殊情况模拟。若 n=1，显然，仅有且只有 1 种方法到达第 n 个台阶。若 n=2，那么可以逐个台阶跳，也可以跨过第 1 个台阶直接跳到第 2 个台阶，因此有 2 种不同的方法。n=3，我们仍然可以通过手动模拟，得到 3 种不同方法。但是随着 n 的值越来越大，计算过程越来越复杂，很快就超越大脑的计算能力，我们必须寻找新的求解思路。

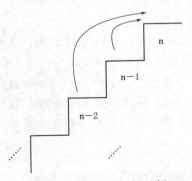

图 6.7　台阶问题解析示例

假设函数 f（n）表示有 n 个台阶的阶梯不同走法，f（n-1）就是 n-1 个台阶的阶梯的不同走法数。与前面例子相似，本题是要构建 f（n）与 f（n-1）之间的递归关系，问题就会迎刃而解。如图 6.7 所示，可以从第 n-1 个台阶直接走到第 n 个台阶，也可能从第 n-2 个台阶直接到达第 n 个台阶。因此有

$$f(n) = f(n-1) + f(n-2) \tag{6.1}$$

根据递归关系，结合问题实际就确定递归边界。由题意可知，f（1）=1，f（2）=2 是本题的递归边界，从而可以编写代码如下：

```
def  f（n）：
  if n==1 or n==2：
    return n
  return f（n-1）+f（n-2）
```

最后在主程序中用任意的 n 值调用该递归函数可以获得问题的解。

6.8　常用模块和函数

Python 中内置了一些常用函数，可以在执行导入命令后直接使用。根据功能分类，内置函数分为数学运算、类型转换、序列操作、变量操作、文件操作等类别。本节讲解常用模块中的一些常用内置函数。

6.8.1　math 模块

数学运算在程序中经常碰到，Python 将其作为标准模块中的一部分，称为 math 模块。实际编程中，math 模块中的超越函数经常被使用，包括三角函数、对数函数、数学常量等。执行模块导入命令便可使用 math 模块中的函数。如下所示的两条命令是模块导入的两种方法。采用第一种方式导入模块后，每次调用模块中的函数需要在函数前面加模块前缀。第二种方式则无需加前缀，直接调用函数即可。

```
import math
from math import *
```

[例 6.14] 计算表达式 $\log_{10}(|\sin(x)-\cos\left(\dfrac{x}{2}\right)+\sqrt{x+168}|)$ 的值。

[分析] 调用 math 库的 log10 函数和三角函数即可完成题目要求的程序编写，具体代码如下：

```
import math
x = float (input())
t = math. sin (x) —math. cos (x/2) +math. sqrt (x+168)
t = abs (t)
y = math. log10 (t)
print (f'y= {y:. 2f} ')
```

代码中的数学运算调用了对数函数、三角函数、开根号运算。需要注意的是，绝对值函数这里没有调用 math 模块的函数，而是调用 Python 语言内部的全局的内置函数。实际上，math 模块也有一个类似的绝对值函数 fabs()，其功能与 abs()函数相同。另外一些未能在案例中展示的 math 模块的常用函数见表 6.1。

表 6.1　　　　　　　　　　　　　math 常用函数使用说明

函　　数	使 用 方 法
math. exp (x)	返回自然常数 e 的 x 次方
math. tan (x)	返回弧度为 x 的正切值
math. log (x)	返回底数为自然常数 e 的 x 的对数值

续表

函　　数	使　用　方　法
math. factorial（x）	返回 x 的阶乘，如果 x 是小数或负数，则返回 ValueError
math. floor（x）	对 x 向下取整，返回不大于 x 的最大整数
math. gcd（x）	返回 a 与 b 的最大公约数
math. modf（x）	返回 x 的小数和整数部分
math. hypot（x，y）	返回（x，y）坐标到原点（0，0）的距离
math. ceil（x）	向上取整，返回不小于 x 的最小整数
math. gamma（x）	gamma 函数，也称为欧拉第二积分函数

6.8.2　随机数生成函数

随机数的使用十分广泛，在 Python 中使用 random 模块中的函数可以生成不同分布的随机数。与 math 模块一样，在使用 random 模块中的函数前需要使用导入模块命令。以下案例说明随机函数的使用。

［例 6.15］随机生成一个 1～100 的整数，用户输入一个整数进行猜测，猜到则输出"congratulations"，没有猜到则输出提示"too big"或者"too small"。

［分析］题目要求随机生成一个整数，可以调用 random 库函数 randint（）完成，函数的两个参数可以指定生成整数的范围。将用户与程序的交互以循环的方式呈现，循环退出条件为猜到生成的整数为止。具体代码参考如下：

```
import random
r = random. randint（1，100）    #产生 1～100 的随机整数，包括 1 和 100
while True：
  g = int（input（'please enter your a number to guess：'））
  if g == r：
    print（'congratulations'）
    break
  elif g>r：
    print（'too big! '）
  else：
    print（'too small! '）
```

除了 randint（）函数，其他的一些常用随机函数使用方法见表 6.2。

6.8.3　时间日期模块

Python 处理时间日期的模块包含 time、datetime 和 calendar 三个。time 模块获取小时、分钟和秒三项数据以及格式化处理；datetime 模块既处理时间又处理日期；calendar 模块处理日历、年历、月历等。本节以 time 模块为例讲解模块的使用方法。与 random 等模块类似，使用模块之前需要导入模块的操作，具体使用见以下案例。

表 6.2 常用随机函数使用方法

函　　　数	使　用　说　明
random. random( )	生成一个 0～1 的随机的浮点数，可以取 0，但小于 1
random. uniform（a，b）	产生一个范围在 [a，b]，均匀分布的随机浮点数
random. randint（a，b）	产生一个范围在 [a，b]，均匀分布的随机整数
random. choice（seq）	从有序容器 seq 中随机获取一个元素
random. shuffle（x）	将有序容器 x 中的元素重新乱序排列
random. sample（seq，k）	从指定序列 seq 中获取 k 个元素返回，原序列 seq 不变

［例 6.16］设计一个进度条，每更新一次进度变化，重新绘制一次进度条，进度条显示一个百分比和后面的用 '—' 显示的进度，每变化 5％增加一个 '—'，进度完成后显示 OK。最后打印程序的执行时间。

［分析］程序采用 time 模块的 sleep( )函数模拟安装事件以延缓程序的执行，用 print( )函数显示进度条。最后使用 time 模块的 localtime( )函数获取当前日期时间，再用 strftime( )函数格式化后打印在屏幕上。

```
import time
total _ count = 20
step = 5
for j in range（101）:
    bar _ str _ format = '\ r' + str（j）+ '%' + '—' *（j//5）
    print（bar _ str _ format，end='')
    time. sleep（0. 2）
    step += 1
print（" OK!" ）
ticks = time. strftime（'%Y -%m -%d %H:%M:%S'，time. localtime（））
print（'exccution timestamp: '，ticks）
```

以上代码中用到了转义字符 '\ r'，表示回退到当前行的行首，使得输出的内容覆盖前一次循环输出的内容，一直在当前行更新显示进度条的状态，更加真实。但是要注意程序在 Idle 里面的交互界面运行 '\ r' 这个功能字符是不起作用的，需要在命令界面运行本程序才能看到效果，如图 6.8 所示。首先在打开的命令行中进入 Python 安装的目录，然后使用 Python 命令运行。

localtime( )函数获取的是日期和时间，该函数返回的是包含日期和时间信息的元组，将该函数的结果传入 strftime( )函数就可以获取格式化后的日期和时间。

6.8.4　main( )函数

Python 编写的代码极为灵活，可以作为一个模块被其他代码调用，也可以作为一个单独的个体执行，不受其他文件影响。若在某个 Python 代码文件中，有函数也有主程序，函数是提供给别的程序调用，主程序用于自主执行。当代码文件作为模块提供给其他程序进行调用而不执行其中的主程序时，我们可以将主程序包装在一个特殊的函数中就可

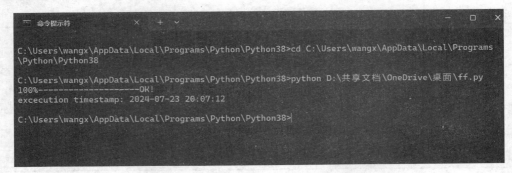

图 6.8　Python 在命令界面中运行 Python 程序

以了。如果 Python 文件中内置属性"＿name＿"的值为"＿main＿"，则是自主执行；否则是作为模块提供给其他程序调用。

［例 6.17］编写素数判断函数，并在主程序中输出 100 以内的所有素数。

［分析］调用［例 6.1］的素数判断函数，循环判断 100 以内的每一个整数，编写 main() 函数完成功能。具体代码如下：

```
def prime (int k):
  if k <= 1:
    return False
  for i in range (2, k):
    if k % i == 0:
      return False
  return True
def main():
  for k in range (1, 101):
  if prime (k) == True:
    print (k)
if ___name___ =='___main___:
  main()
```

代码中的"＿name＿"属性是 Python 文件的属性，当代码文件单独执行时，取值为"＿main＿"。因此，单独执行以上代码文件，运行结果如下：

```
2, 3, 5, 7, 11, 13, 17, 19, 23, 29, 31, 37, 41, 43, 47, 53, 59, 61, 67, 71, 73, 79, 83,
89, 97,
```

6.9　本章小结

本章介绍了函数的定义与调用，通过实际的案例阐述了函数的基本设计方法。另外本章还介绍了函数的不同调用方式、参数默认值、可变参数、参数解包等函数的参数机制。然后介绍了函数的递归机制，并举例说明了递归函数的设计。最后介绍 Python 常用内置模块的函数使用方法以及 main 函数、模块的操作方法。

习　　题

一、填空题

1. Python 中，返回序列长度的函数是_____。

2. 函数如果有返回值，则可以在_____中调用。如果没有返回值，则只能单独作为_____使用。

3. 在 Python 中，函数可以分为_____、_____、_____和用户自定义函数。

4. 在函数内部定义的变量称为_____变量。

5. _____是函数的唯一标识，要求符合_____的命名规则。

6. 函数可以没有参数；如果有多个参数，则参数之间用_____隔开。

7. 如果函数有返回值，则函数体内必须有_____语句。

8. 在 Python 中，一个函数_____（可以/不可以）返回多个值。

9. 表达式 sorted（[111，2，33]，key＝lambda x：－len（str（x）））的值为_____。

10. 写出下述程序的执行结果。

```
def func()：
    x = 77
    z = y * 2
    print（" x＋z="，x＋z)
x = 1
y = 1
func()
print（" x="，x)
print（" y="，y)
```

执行结果第 1 行：_____

执行结果第 2 行：_____

执行结果第 3 行：_____

二、选择题

1. 下列有关函数的说法中，正确的是（　　）。

　A. 函数的定义必须在程序开头

　B. 函数定义后，函数体内的语句会自动执行

　C. 函数体与关键字 def 必须左对齐

　D. 函数定义后，需要调用才会执行

2. 如果函数没有使用 return 语句，则函数返回的是（　　）。

　　A. 0　　　　　　　　　　　　　　　　B. None

　　C. 不返回值　　　　　　　　　　　　D. 错误！函数必须要有返回值

3. 创建自定义函数使用（　　）关键词。

　　A. def　　　　　　　B. f　　　　　　C. function　　　　　　D. class

4. 调用函数的执行步骤不包括（　　）。

　　A. 参数传递，把实参传递给形参

　　B. 执行函数体内的语句

　　C. 返回结果值

　　D. 判别参数类型是否符合要求

5. 关于函数的参数，以下选项中描述错误的是（　　）。

　　A. 一个元组可以传递给带有星号（＊）的可变参数

　　B. 在定义函数时，可以设计可变数量参数，通过在参数前增加星号（＊）实现

　　C. 可选参数可以定义在非可选参数的前面

　　D. 在定义函数时，如果有些参数存在默认值，可以在定义函数时直接为这些参数指定默认值

6. 下列关于 Python 的内置函数，以下说法不正确的是（　　）。

　　A. 内置函数不用引入可以直接调用

　　B. help 函数用来查看内置函数的功能

　　C. eval 函数的功能是把字符串转换成数字

　　D. range（10，2）创建的序列元素个数为 0

7. 在 Python 中，返回 x 的绝对值的函数是（　　）。

　　A. abs（x）　　　　　B. bin（x）　　　　　C. all（x）　　　　　　D. input（x）

8. 下列关于局部变量与全局变量说法错误的是（　　）。

　　A. 在函数内部若要修改全局变量的值，须提前使用保留字 global 进行声明

　　B. 函数结束后，局部变量的生命周期随之结束

　　C. 全局变量与局部变量不可以重名

　　D. 程序结束后，全局变量的生命周期随之结束

9. 关于 Python 的 lambda 函数，以下描述错误的是（　　）。

　　A. lambda 函数将函数名作为函数结果返回

　　B. f＝lambda x，y：x＋y 执行后，f 的类型为数字类型

　　C. lambda 用于定义简单的、能够在一行内表示的函数

　　D. 可以使用 lambda 函数定义列表的排序原则

10. 下面程序的输出结果是（　　）。

```
g＝1
lo＝1
def outer():
    lo＝2
```

```
    def inner()：
        global g
        g＝100
        lo＝5
    return inner
outer()
print（g，lo）
```

    A. 1 1   B. 1 5   C. 100 5   D. 100 1

三、编程题

1. （数位和）从键盘输入正整数 n，调用自定义函数 sum（n），计算各位数字之和并输出结果。

2. （可逆素数）若将某素数的各位数字顺序颠倒后得到的数仍是素数，则此数为可逆素数。首先编写判断素数的函数 isprime（num），再编写求逆的函数 rev（n）。从键盘输入两个整数 a、b，调用函数输出 a～b 之间（包括 a 和 b）的可逆素数。

3. 给定两个正整数 a 和 n （1≤a、n≤9），要求编写函数 fn（a，n），求 a＋aa＋aaa＋…＋aa…aa（n 个 a）之和，fn（）返回的是数列和。

4. 从键盘输入两个整数 a、b，编写函数 lcm（a，b），求 a 和 b 的最小公倍数，并调用函数，输出最小公倍数。

5. 编程序实现功能：输入三角形三条边的边长，求三角形面积，其中面积计算使用用户自定义函数实现。输出的面积保留两位小数。

第7章
设计程序将股票价格数据存入文件

学习目标

◇ 能够说出文件的读写模式的区别，了解常见文件模式。
◇ 能理解目录，了解 Python 操作目录的过程。
◇ 能够编写文件的打开、关闭、读写一个文本文件。
◇ 能够理解并正确处理文件的异常。
◇ 能够说出常见文件编码的区别。

7.1　操作系统的目录结构

计算机执行程序需要从内存获取数据，执行结束再将结果存入内存。但是内存有一个致命的缺陷：计算机一旦断电，则所有程序的执行结果将无法保留，下一次来电开机要重新从内存获取数据执行程序指令。为此，聪明的计算机科学家发明了硬盘存储器。硬盘能够在不通电的情况下把数据储存起来，实现永久保存。

有了硬盘，计算机能够将内存中重要的数据保存到硬盘上，从而避免突然断电丢失数据。我们在计算机中看到的 C 盘、D 盘、E 盘指的就是硬盘，也就是说文件都保存在硬盘里。从文件读数据实质上是将硬盘中存储的数据传送到内存中，再由内存将数据传入处理器进行处理；反之，写文件的意思是将内存中的数据传送到硬盘进行保存。

硬盘中的数据是以文件为单位进行存放。文件则通过路径进行定位，路径也称为目录。下面以 Windows 系统为例讲述系统如何组织管理硬盘中的文件的。Windows 系统将整个硬盘划分为不同的盘。如图 7.1 所示，"此电脑"表示整个硬盘，该硬盘分两个区，C 盘是硬盘的第一个分区，D 盘是第二个分区。若 D 盘的 data 文件夹下存有一个名为"0000001. txt"的文件，那么可以用路径"D:∥data∥0000001. txt"表示文件在硬盘中的位置，这样表示的路径称为绝对路径。在这个路径中，盘符"D:"表示硬盘的分区，"∥"表示上下级目录之间的分隔符。Python 语言中可以用的分隔符还有"\\"或"/"。例如以上目录可以表示为"D:/data/0000001. txt"或"D:\\data\\0000001. txt"。

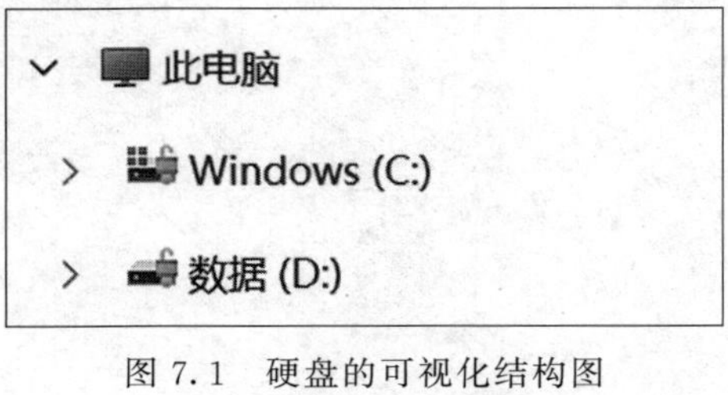

图 7.1　硬盘的可视化结构图

另外，在 Python 中，文件目录采用相对路径也是常用的形式。相对路径是指系统默认所有文件是在某个目录下，因此所有路径都是从该目录开始表示。例如 Python 程序文件存放在"D:/data"目录中，如果程序要打开"D:/data"目录中的文件"0000001. txt"，只要在程序中直接写相对目录"0000001.txt",程序便默认要打开的文件是"D:/data/0000001.txt"。

7.2 Python 操作目录

通过 Windows 窗口操作系统,我们可以用鼠标操作创建文件夹、删除文件夹、打开文件夹以查看文件夹中的文件及目录情况,如图 7.2 所示。

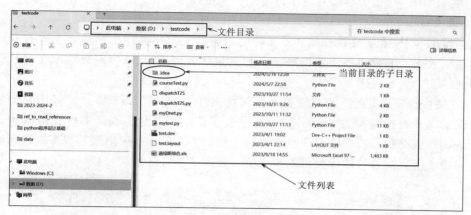

图 7.2 文件及目录的可视化图

除了窗口化操作文件目录,我们还可以编写 Python 程序操作目录,实现自动化目录的创建、删除、重命名等。Python 的 os 模块就提供了文件和目录的操作方法。在调用 os 的相关功能函数之前,需要先导入 os 库,与一般库的导入方式一样,代码如下:

```
import os
```

这样就可以使用 os 库中的函数操作目录了。

[例 7.1] 根据以下要求操作:①修改并进入指定目录"D://testcode";②列出目录下的所有文件清单;③删除当前目录下的文件"test.layout";④在当前目录下创建子目录"data";⑤修改当前目录的文件"test.dev"为"proj.dev";⑥删除子目录"data"。

[分析] 根据题意,调用 os 库中函数就能完成任务。具体代码如下:

```
os.chdir('D://testcode')              #修改当前目录
os.listdir()                          #列出当前目录文件清单
os.remove('test.layout')              #删除文件 test.layout
os.mkdir('data')                      #创建目录
os.rename('test.dev', 'proj.dev')     #修改文件名称
os.rmdir('data')                      #删除目录
```

remove()函数传递的参数必须为文件，若是目录或文件不存在，将引发 FileNotFoundError 错误。

7.3　文件的基本操作方法

文件操作包含的主要方法是打开文件、读文件、写文件、关闭文件。掌握这四种基本方法便能在内存和硬盘之间进行数据的相互传输。本节将几个基本操作串联起来，聚集到一个应用案例中，让读者可以从应用角度理解文件操作。

7.3.1　读文件

先介绍编写 Python 文件读取文本文件的内容。文本文件结构简单，文件打开后直接可以读取到数据，将数据存储到程序定义的变量中，使用 print()函数输出文件数据，最后关闭文件。

[例 7.2] 已知某支股票的交易数据存储在文件“0000001.txt”中，其中存储的格式是每一天的交易数据存储为一行。每行数据包括日期、开盘价、最高价、最低价、收盘价、涨跌幅、成交量，各项数据用空格分隔，如图 7.3 所示。要求编写程序读取所有交易数据，并输出所有交易日的成交量的平均值、最高值、最低值。

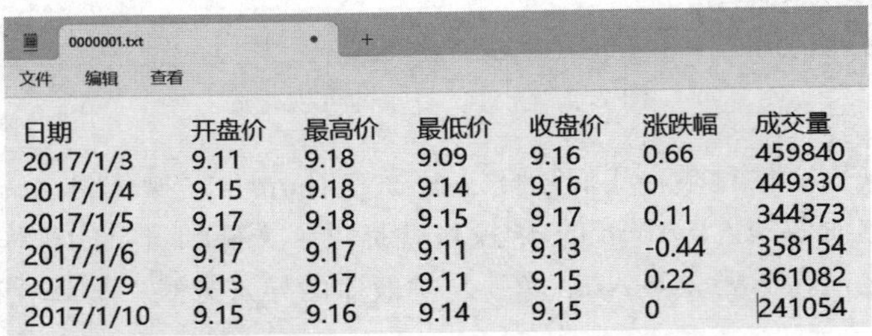

日期	开盘价	最高价	最低价	收盘价	涨跌幅	成交量
2017/1/3	9.11	9.18	9.09	9.16	0.66	459840
2017/1/4	9.15	9.18	9.14	9.16	0	449330
2017/1/5	9.17	9.18	9.15	9.17	0.11	344373
2017/1/6	9.17	9.17	9.11	9.13	-0.44	358154
2017/1/9	9.13	9.17	9.11	9.15	0.22	361082
2017/1/10	9.15	9.16	9.14	9.15	0	241054

图 7.3　股票交易数据文件存储结构图

[分析] 读取文件中的数据进行处理，实质上是将硬盘中的数据传输到内存中来，然后用相关语句按照要求进行处理。但是文件并不是立马就能读取，而是需要通过打开文件的操作，获取文件相关信息，才能进行下一步读取。这与我们平时使用计算机，在计算机屏幕上用鼠标双击文件图标打开文件本质上是相同的。两者的主要区别是用程序打开文件需要 Python 语言的打开语句，而且看不到打开的文件窗口。

Python 程序要打开一个文件需要使用内置的 open()函数完成。open()函数有多个参数，大部分参数都有默认值，我们无须详细了解。首先需要了解的是 file 参数，表示需要打开的文件名称，如果文件名称中不包含文件路径，表示该文件与程序文件是在同一个文件夹。

第二个需要了解的参数是 mode。该参数表示文件的打开模式。指定文件打开模式对于不同的文件操作需求来说是必要的，原因阐述如下。例如有以下三个文件操作需求：①需要创建一个新的文件，然后把数据装到文件中去；②只需要读取文件中的数据；③需要在原来文件数据的基础上，再添加一些内容。这三个需求对应的文件操作是不同的，因此需要指定不同的文件打开模式以满足不同场景下的需要。

文件的打开模式 mode 默认的值为'r'，表示只需要读取文件中的内容，前提条件是文件必须存在，如果要打开的文件不存在，程序返回错误。另一个常见的打开模式是'w'，这种模式，不管原来的文件是否存在，都会被清空，然后将数据写入文件。这种模式不要求文件一定是存在的。其他的常用打开模式以及特性可以参考表 7.1。

表 7.1   **常 用 文 件 打 开 模 式**

访问模式字符串	模 式 说 明
'r'	读模式，只能从文件读数据
'w'	写模式，清除原有文件内容，写数据到文件
'a'	追加模式，在原有文件内容后面追加写入
'b'	二进制模式（与其他模式配合）
'+'	可读可写（与其他模式配合）

每种文件访问模式的使用可以参考图 7.4。图中除了几种常用模式外，还展示了如何组合各种不同的访问模式进行文件的访问。图中第一列的直线箭头表示不同的文件模式，曲线箭头表示数据的传送方向。图中最后一行用'r'与'b'的组合方式，表示用二进制读取文件。二进制方式与一般的文本模式对于特定的字符处理方式是不同的，二进制模式认为文件中所有的数据都是以字节为基本单位组成的，每个字节都是文件中的数据，而文本模式把特殊的字节数据当作特殊的符号看待，是不读取的。例如文件结束标志 EOF。若在文件中间存在 EOF 符号，对于文本模式，文件处理到达 EOF 立即停止处理，尽管 EOF 后面还有数据。而二进制模式，EOF 被看作是一般的数据进行读取。

文件读写完毕，需要用 close() 函数关闭文件，才能真正将数据保存到磁盘中。但值得注意的是，如果文件未能用 close() 函数关闭，程序结束能够自动关闭文件，但不建议使用这种被动关闭的方式，因为这样可能会导致存入文件的数据不能及时更新到硬盘中。例如程序处理完毕，需要验证文件内容，我们需要双击鼠标打开操作的文件以验证内容时，如果没有正确使用 close() 函数关闭文件，可能会在打开的文件窗口中看不到已经写入的文件数据。

回到本节开始的案例中，完成股票文件的打开和关闭。根据题意，需要将文件内容读取并处理，无需写回文件，因此采用'r'模式访问文件。具体代码如下：

```
fi = open ('0000001. txt', 'r')
print (fi. name)
#读文件，处理数据
fi. close()
```

程序打开了文件"0000001. txt"，输出文件的名称，最后关闭文件。

为了进一步将数据从文件中读取出来，并在内存中进行处理，下面介绍文件的读写操作。

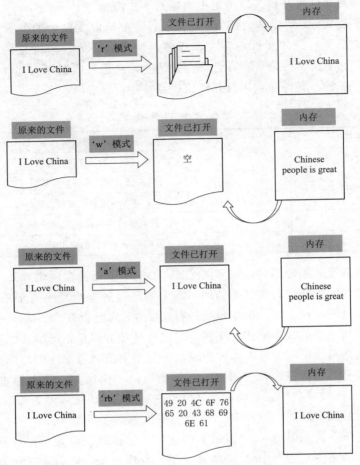

图 7.4　文件打开模式的图示说明

　　读文件的第一个常用函数是 read()，其主要功能是从文件读取参数指定的字节数的数据，并以字符串对象返回读取到的数据。read() 函数仅有一个可选参数 size，表示指定的需要读取的字节数，如果调用该函数不指定 size 参数的值，表示读取整个文件。以下代码用 read() 函数读取了 "0000001.txt" 中的部分数据，以验证 read() 函数的特性。

```
h1 = fi. read (2)
h2 = fi. read (4)
h3 = fi. read (4)
print (h1, h2, h3, sep='#')
```

运行结果如下：

日期 $　开盘价 $　最高价

136

代码中变量 h1 代表的是读取文件前两个字节的内容，结果为"日期"，变量 h2 代表的是之后往下读取的 4 个字节，因此结果为"开盘价"，依次可以得到变量 h3 的值为"最高价"。需要注意的是当读取完第一个 2 字节的数据后，文件是通过文件定位指针来获取文件当前的位置。

第二个读文件的常用函数是 readline()。这个函数每次从文件读取一行，当读到换行符就停止读取。读到的数据是包含最后的换行符，且以字符串类型的对象返回。与 read() 函数一样，readline() 函数也有一个可选的参数 size，表示读取的指定字节数，最多不能超过一行的数据，如果 size 超过当前位置到行末的字节数，则 size 无效，返回当前位置到行末的所有数据。以下代码演示了从文件"0000001.txt"读取到的数据。

```
h1 = fi. readline()
h2 = fi. readline()
h3 = fi. readline()
print (h1, h2, h3)
```

运行结果如下：

```
日期  开盘价  最高价  最低价  收盘价  涨跌幅  成交量
2017/1/3  9.11  9.18  9.09  9.16  0.66  459840
2017/1/4  9.15  9.18  9.14  9.16  0  449330
```

从以上代码的分析可以看出，用相同的代码执行 3 遍读取了 3 行连续的数据。因此，可以用循环遍历的方式读取文件中的所有行。修正后读取文件所有数据的代码如下：

```
for line in fi：
    print (line)
```

可以看到，打开的文件对象是可以直接使用 for 循环进行遍历的。我们可以得到一个结论：打开的文件是一个以行数据为元素的容器。

除了遍历文件对象读取文件中所有的行，Python 还提供了 readline() 函数的姐妹函数 readlines()，用于获取文件对象中所有的行，返回结果是一个字符串对象组成的列表。结合 for 循环遍历文件对象的功能，可以把这个函数的功能可以看作是将文件对象转化为列表对象。仍以上述文件为例子利用 readlines() 函数进行读取，演示代码如下：

```
data = fi. readlines()
for line in data：
    print (line)
```

以上代码先将文件数据使用 readlines() 函数读取至变量中，再对变量中的数据进行循环遍历。综合以上，可以得到本节案例的完整代码如下：

```
fi = open ('0000001. txt', 'r')
data = fi. readlines()
data = data [1:]                    #去除数据的标题行
vol = []
for line in data:
vol. append (int (line. split() [-1] ) )  #仅获取成交量存至 vol 列表中
avg = sum (vol) /len (vol)
vmax = max (vol)
vmin = min (vol)
print (f'average: {avg}, maxdayvolume: {vmax}, mindayvolume: {vmin} ')
fi. close()
```

7.3.2　写文件

写文件是将内存中的数据传输到硬盘文件的过程。Python 语言第一个常用的文件写操作函数是 write()，有一个字符串参数，表示要写到文件的内容，函数返回实际写入文件的数据大小，函数的调用格式如下：

```
fi. write（strObj）  #strObj 是字符串对象，是需要写入文件的内容
```

所有类型的数据在写入文件之前需要转化为字符串。

[例 7.3] 从文件"0000001. txt"中读取股票交易数据，统计每天的最高交易价格的平均值，中位数价格，写入文件"result. txt"中。

[分析] 数据读取部分与前面的案例一样，得到的数据中需要提取最高价格，求平均值。中位数是指所有交易日的最高价格排序在中间位置的值，因此需要排序。最后需要创建文件，将结果写入文件中。由于文件不存在，而且是写入，可以指定文件的打开模式为'r'。具体代码如下：

```
fi = open ('0000001. txt', 'r')
data = fi. readlines()
data = data [1:]                     #去除数据的标题行
s = []
for line in data:
s. append (float (line. split() [2] ) ) #仅获取日交易最高价存至 s 列表中
avg = sum (s) /len (s)
s. sort()
midvalue = s [len (s) /2]
res = f'average: {avg}, mid _ max _ price: {midvalue} '
rf = open ('result. txt', 'w')
```

```
rf. write（res）           #将结果写入文件
rf. close()
fi. close()
```

另外一个可以用于文件写入操作的函数就是常见的 print()函数。print()函数除了能在交互平台上输出数据以外，还可以将输出的内容重定向输出到文件中。这里说的重定向是指输出的方向，可以把 print()看作一个数据管道，这个管道本来都是将内容输出到某个固定的目的地（标准交互平台），现在把管道的方向改一下，输出的内容就随着管道的改变而输出到不同的目的地了，这个过程就是重定向，如图 7.5 所示。

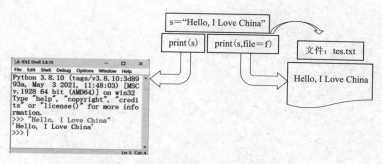

图 7.5　print()函数的重定向示意图

在 print()函数的众多参数中，有一个可选参数 file 用于指定数据输出的目标对象，默认情况下该参数的值为 sys. stdout，表示标准的输出设备，就是标准交互平台，如图 7.5 的左边部分。当参数 file 的值改为 f 时，这里的 f 指的是打开的文件，在图中指的是文件 test. txt。那么函数执行后，字符串 s 的内容将写入文件中，如图 7.5 的右边部分。

7.3.3　文件的定位

前面介绍的读取文件内容都是默认从文件的起始位置开始读取的。随着读操作的进行，文件指针不断后移，直到文件末尾。本节通过讲解相关函数操作文件指针，使得任意时刻，都能从文件的任意位置开始读取，增加了灵活性。

文件定位的第一个函数是 tell()，用于获取当前文件指针的位置，函数没有任何参数。下面通过案例说明文件指针的基本用法。

［例 7.4］读取文件"0000001. txt"的第 1 行的各个属性名称，每次读取后打印文件指针的位置。

［分析］根据题意需要打印每次读取后的文件位置，而文件位置是偏移文件起始位置的字节数来决定的。文件的起始位置为 0。字节是衡量数据或存储大小的基本单位，一般一个英文字符是用一个字节编码，而汉字至少是两个字节，根据不同的编码方式，一个汉字可能由 3 个字节大小表示，例如 utf-8 编码就是采用一个汉字采用 3 个字节的编码。本题利用 read()函数和 tell()函数可完成，具体代码如下：

```
fi = open ('0000001. txt', 'r')
print (fi. read (2) )
print ('文件位置: ', fi. tell())
for _ in range (6):
print (fi. read (4) )
print ('文件位置: 'fi. tell())
fi. close()
```

运行结果如下:

```
日期
4
  开盘价
11
  最高价
文件位置: 18
  最低价
文件位置: 25
  收盘价
文件位置: 32
  涨跌幅
文件位置: 39
  成交量
文件位置: 46
```

　　程序打开文件之后,首先,read()函数读取 2 个字符,请注意这里并不是字节。由于文件是用 'r' 模式打开的,默认以字符为单位读取。仅当文件打开模式是 'rb' 时,read()函数才是按字节读取的。第一次读取后,打印的文件指针位置是 4,而不是 2。因为 read()函数按字符读取,每个中文字符按照 2 个字节算,刚好是在 4 的位置。第二次读取 4 个字符,其中第一个是间隔符是按 1 个字节算,其他的三个中文字符共计 6 个字节,总共 7 个字符,因此第二次读取后文件指针的位置是 11。后面的每次读取可以依次计算出文件位置。

```
fi. seek (offset, from)
```

　　代码中,tell()函数返回当前文件位置。根据文件位置,调用 seek()函数就可以将文件指针定位到文件中的任意位置进行读取。如下所示,seek()函数有两个参数,第一个参数 offset,表示偏移量,第二个参数 from 表示从文件哪个位置开始偏移,选择 0 表示从文件起始位置开始偏移,1 表示从当前位置开始偏移,2 表示从文件末尾开始偏移。from的默认值为 0。

［例 7.5］打开文件"0000001.txt"，从文件第 2 行开始读取，连续读取 10 天的交易数据，统计并输出这 10 天的开盘价的平均值。

分析：根据前面案例可知，文件第 1 行共 48 字节，使用 seek()函数跳过文件第 1 行，从第 2 行开始读取。具体代码如下：

```
fi = open ('0000001.txt', 'rb')
fi. seek (48)
s = []
for _ in range (10):
    d = fi. readline()
s. append (eval (d. split() [1] ) ) ♯第二项为开盘价
avg _ open _ price = sum (s) /len (s)
print (f'average: {avg _ open _ price:. 2f} ')
fi. close()
```

运行结果如下：

```
average: 9.14
```

7.4　文件操作存在的问题及处理

7.4.1　文件操作异常

使用代码打开文件时，文件不存在的情况很常见。出现这个问题的原因在于：①编写打开文件代码时文件名写错或者目录错误；②文件被移除或文件名被修改；③文件损坏不能打开；④文件有权限限制，不允许被读取。另外文件读写是硬盘与内存之间的数据传输，传输通道出现异常会导致程序出现输入/输出错误。在文件操作的每一个环节，都可能出现意外，从而导致程序代码还没有执行完成就被迫提前终止执行。显然我们在编写程序时很难对每一种意外做出估计，这使得我们编写的文件操作程序很脆弱，一不小心程序就崩溃了。

实际上，Python 提供了一套内置的异常处理机制来帮助程序员解决以上可能出现的问题。将文件操作的代码放到异常处理环境中，便能捕获大部分的异常，这些异常可以根据内部定义的异常值进行处理。

Python 使用 try…except…else…finally 结构进行异常处理。正常执行功能的代码放到 try 模块中，若功能代码执行出现异常，则跳转到某个 except 模块进行处理。else 模块中的内容是程序无异常需要执行的内容。无论程序是否出现异常，finally 模块的代码都要执行，该模块用于处理程序完成后的资源回收，比如文件关闭。下面通过一个例子说明异常处理的代码结构。

［例 7.6］读取文件"0000001.txt"的前 10 天的交易数据，输出涨幅最高的交易日。

［分析］将读取文件的代码放入捕捉异常的 try 模块中，用多个 except 模块处理不同的异常，else 模块是文件正常读取后的数据排序和输出，finally 模块完成文件关闭。具体代码如下：

```
s = []
try:
fi = open ('0000001. txt', 'r')
fi. seek (48)
for _ in range (10):
        line = fi. readline(). split()
s. append (line [: 1] + list (map (eval, line [1:] ) ) )
except FileNotFoundError:
  print ('file not found')
except PermissionError:
print ('you have no permission to access file')
else:
  s. sort (key = lambda x: x [5] )
  print (f'max _ rate _ date: {s [-1] [0] } ')
finally:
fi. close()
```

以上代码捕获了文件不存在的异常和文件读取权限的异常。通过分析程序可知，仅用 if 语句完全能够实现异常处理的功能，但是 Python 将异常处理从事务代码中独立出来，形成单独的模块，简化了程序开发过程。

Python 中的异常处理几乎囊括了所有可能出现的异常问题，并提供了对应的异常对象存储异常信息，图 7.6 罗列了 Python 中的常见异常之间的包含关系。如果无法确定会出现具体的特定异常，可以用 Exception 对象处理，更基础的 BaseException 包含不可处理的异常，例如系统退出、键盘中断等，一般不用该异常对象接收异常信息。如果程序出现可能的异常在 Python 标准异常中不存在，还可以自定义异常进行处理。

计算机与外部的资源设备进行数据传输时，Python 还提供了统一的设备资源的管理方法，就像统一处理异常一样，可进一步提高程序开发的效率。如图 7.7 所示，当需要在

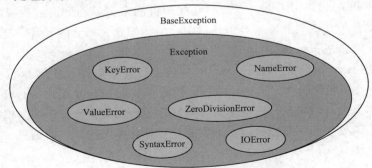

图 7.6　各种不同的异常类之间的关系

外部设备与计算机内部之间需要进行数据传输时，事务处理之前及处理之后的执行内容与事务本身无关，仅与设备的开启关闭相关，Python 中用 with…as 创建上下文，完成开始的设备初始化以及最后的资源释放，开发者仅需要将事务代码插入这个上下文中，无需关心资源管理。

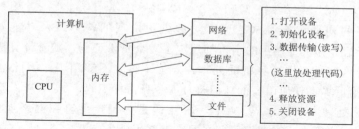

图 7.7　程序与外部设备进行数据传输

上下文的语法格式如下：

```
with expression as [target (s) ]:
    with-body
```

用 with…as 语法重写上一小节的案例，具体代码如下：

```
s = []
try:
with open ('0000001. txt', 'r') as fi:
fi. seek (48)
for _ in range (10):
        line = fi. readline(). split()
        s. append (line [: 1] +list (map (eval, line [1:] ) ) )
except FileNotFoundError:
print ('file not found')
except PermissionError:
print ('you have no permission to access file')
else:
s. sort (key=lambda x: x [5] )
print (f'max _ rate _ date: {s [−1] [0] } ')
```

以上代码在上一个例子异常处理的基础上，将文件的打开关闭的过程转交给 with 语句管理。通过分析代码也可知，with…as 语法是管理资源的初始化和释放操作，替代了与文件打开与关闭的异常处理。从一般意义来说，with…as 是资源管理的上下文，可以处理相关的异常，但是其他与资源打开关闭无关的异常则需要专门的 try…except 异常处理过程。例如以上代码中 with…as 无法处理文件找不到以及读写权限异常，需要嵌入 try…except 进行处理。

7.4.2　文件的乱码问题

文件打开出现乱码是程序编写中经常出现的问题。每个文件有不同的编码方式，读取的文件数据如果没有进行合适的解码，就会出现乱码。如果文件内容是英文文件，无论采用哪种编码，编码结果没有区别，一般不会出现乱码。如果文件中的内容包含中文，就有不同的编码方式，如 GBK 编码、UTF-8 编码等。

计算机发展的初期仅有 ASCII 码，对键盘中出现的符号以及功能符号进行编码。ASCII 码相当于给计算机中显示的字符都规定了一个身份证码。随着计算机在全世界的普及，众多语言符号需要纳入计算机的处理，ASCII 码就不够用了，因此将编码拓展成了 Unicode，可以给世界上任何语言的任何符号一个身份标识码。

GBK 是专门处理中文的编码，UTF-8 编码是为了让字符在网络上更加方便传输，对原始的 Unicode 编码进行重新编码，在网络上使用极为广泛。

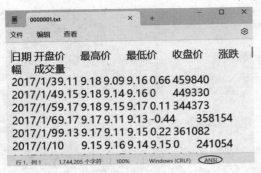

图 7.8　文本文件的中文编码

Python 的 open() 函数的参数除了文件名称和文件打开模式外，还有一个参数 encoding，指定文件编码的方式，默认为 GBK 编码。查看文本文件的编码方式可以通过鼠标双击打开文件，其编码方式显示在如图 7.8 的右下角。图中的 ANSI 编码模式不是一种具体的编码，而是能根据不同的平台选择的编码模式。在美国的计算机系统中，这种编码就是 ASCII 码，在中国的计算机系统中，这种编码的背后实际上是 GBK 编码。因此，图中所示的 ANSI 编码，实际上是 GBK 编码。文本文件被创建时或者另存为时，可以修改编码方式。

在 Python 解释器中，代码中创建的字符串常量如果存在中文，默认的编码是 Unicode，就是中文在计算机中的最原始的编码（可以认为是汉字的唯一标识符）。若需要对文本文件进行读取并显示到 Python 输出区域，需要了解文件的编码方式，才可以不出现乱码，如图 7.9 所示。

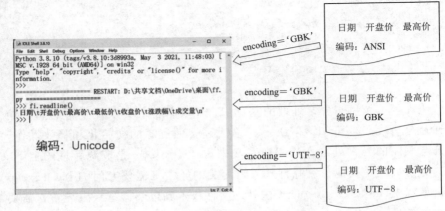

图 7.9　不同编码文件的处理

从图中可以看出，文件采用 ANSI 编码和采用 GBK 编码是等价的。ANSI 是自适应编码，在不同国家就采用这个国家对应的编码。

7.5 本章小结

本章从计算机存储介质的特点开始引入硬盘中的文件概念，以 Windows 文件系统为例介绍了文件目录和路径的操作方法。接着介绍了 Python 操作文件的基本方法。这里比较重要的是文件的读/写模式，需要理解透彻文件为什么会有读/写等不同的文件打开模式。文件操作的基本方法包括文件的读和写。接着深入介绍了文件的读/写游标（文件指针），从而能够更加灵活地处理文件的内容。在编写文件操作的程序时，引入了异常处理的概念。文件等外部设备与计算机内存进行数据传输时，可能遇到设备移走、损坏等不同的情况，需要针对不同的情况进行处理。在各种异常情况下异常处理能够保证程序能够正常结束。最后分析了文件操作中的文件乱码问题，对文件的编码做了相对完整的阐述，帮助读者理解文件操作中的常见问题。

习　　题

一、选择题

1. 若 fp1＝open（'test. txt'，'r'），以下（　　）读取文件的方式 line 返回的不是字符串。

  A. for line in fp1   B. line＝fp1. read()

  C. line＝fp1. readline()   D. line＝fp1. readlines()

2. 关于 Python 读取文件，下列描述错误的是（　　）。

  A. 关键字 with 会在程序不再需要访问文件或出现异常的情况下，关闭文件

  B. Python 对数据量没有大小限制，需要读取的文件多大都可以

  C. open()函数中如果输入参数只有文件名，那么 Python 会在当前执行的 . py 文件的所在目录中查找文件

  D. 读取文本文件时，Python 会将文件中的所有文本都解释为字符串

3. 文件 family. txt 在当前代码所在目录内，其内容是一段文本 We are family，以下程序的输出结果是（　　）。

```
m _ file = open（"family. txt"，" r"）
txt = m _ file. read()
print（txt）
m _ file. close()
```

  A. txt   B. family. txt   C. 非其他答案   D. We are family

4. 表达式 writelines（lines）能够将一个元素是字符串的列表 lines 写入文件，以下选项中描述正确的是（　　）。

　　A. 列表 lines 中各元素之间默认采用换行分隔

　　B. 列表 lines 中各元素之间无分隔符

　　C. 列表 lines 中各元素之间默认采用逗号分隔

　　D. 列表 lines 中各元素之间默认采用空格分隔

5. Python 中，（　　）语句是上下文管理语句，可以自动管理资源，还可以处理异常。

　　A. context　　　B. flie　　　　　　　C. with　　　　　　　　D. assert

6. 要在文本文件 data. txt 后追加数据，应使用的打开模式为（　　）。

　　A. wb＋　　　　B. wt　　　　　　　C. rb＋　　　　　　　　D. at＋

7. 关于关闭文件的说法正确的是（　　）。

　　A. 文件一旦被打开，就一定要用程序将其关闭，否则文件将一直处于占用状态

　　B. 用文件名. close()可以关闭文件

　　C. 文件关闭后，还可以再对文件进行读/写操作

　　D. 用 close（文件名）可以关闭文件

8. 当 try 语句中没有任何错误信息时，一定不会执行（　　）语句。

　　A. try　　　　　　B. else　　　　　　C. finally　　　　　　D. except

9. 关于异常，以下说法中正确的是（　　）。

　　A. finally 子句中的代码始终要执行

　　B. 一个 try 子句后只能接一个 except 子句

　　C. 如果 try 子句中含有 return，那么 finally 子句有可能不会被执行

　　D. try 子句后必须有 except 子句

10. 下面程序的输出结果是（　　）。

```
try：
  x＝float（" abc123"）
  print（" The conversion is completed"）
except IOError：
  print（" This code caused an IOError"）
except ValueError：
  print（" This code caused an ValueError"）
except：
  print（" An error happened"）
```

　　A. The conversion is completed

　　B. This code caused an IOError

　　C. An error happened

　　D. This code caused an ValueError

二、简答题

1. 简述 ANSI 编码与 GBK 编码的异同。
2. 简述文件操作的基本步骤。
3. 简述异常的概念，文件操作中会出现哪些异常？
4. 简述文本方式读/写文件与二进制方式读/写文件的区别。
5. 简述文件指针的作用。

第 8 章
Python 综合应用案例

学习目标

◇ 能够用 Turtle 模块绘制简单的图形。
◇ 能使用 Matplotlib 库绘制数据统计图。
◇ 能够说出 GUI 程序的工作过程。
◇ 能使用 Tkinter 模块编制简单的 GUI 程序。
◇ 能够使用常用的 GUI 控件，会使用不同的控件编排模式。

Python 的第三方库非常丰富，涵盖了企业软件开发、工具软件开发、科学计算、游戏软件开发等。Python 第三方库的安装使用仅依赖 Python 环境，几乎不存在库的依赖问题导致模块不能运行。模块调用十分方便，不需要繁杂的配置和导入，与 Python 环境兼容性强，非常适合非计算机专业的读者应用计算机软件工具解决具体的专业需求。本章将通过三个不同的案例说明 Python 在不同具体环境的应用。

8.1 使用 Turtle 模块绘制时钟

本案例用 Python 自带的 Turtle 模块在画布上绘制一个动态时钟。

Turtle 模块将所有图形绘制在一个图形窗口中。图形窗口的绘图区域称为画布，用二维坐标表示区域中的每一个像素点，坐标原点在区域的中心，向右 x 坐标递增，向上 y 坐标递增，画布上任意一个像素点都有一个形如（x, y）的坐标，x 是横坐标，y 是纵坐标，所有坐标都为整数，如图 8.1 所示。同时，Turtle 对四个方向做了规定，x 正方向为正东方向，x 负方向为正西方向，y 正方向为正北方向，y 负方向为正南方向。

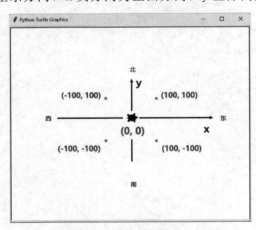

图 8.1　Turtle 模块窗口的坐标系

编写 Turtle 应用的基本步骤十分简单，创建窗口画布后便可以使用画笔绘制图形。画布窗口由 Turtle 模块内部默认创建，但是可以通过 setup 函数设置相关参数重新定义窗口的大小和位置，函数格式如下：

turtle. setup（width，height，startx，starty）

setup（）函数有 4 个参数，width 和 height 表示窗口的宽和高，传入的数据如果是整数，单位则为像素；如果是浮点数，表示占屏幕的百分比，默认参数值为 0.5 和

0.75。参数 startx 和 starty 表示窗口的左上边缘距离屏幕左边缘和和上边缘的距离值。如果传入的值为负数，表示距离屏幕右边缘和下边缘的值。

窗口中除去标题栏和四周边缘都是画布，占据窗口的主要区域。画布的大小由另外一个函数 screensize()进行设置。

> turtle. screensize (canvwidth＝None，canvheight＝None，bg＝None)

screensize()函数有 3 个参数，canvwidth 和 canvheight 表示画布的宽度和高度，单位为像素；参数 bg 表示画布的颜色，可以用颜色字符串或者颜色三元组。不指定参数获取画布的大小，传递参数表示设置画布大小。

通过以上函数完成画布设置，Python 模块根据设置信息创建窗口及画布，同时创建了画笔，准备工作还有最后一个事项就是设置画图的模式，不同的画图模式就像每个人不同的绘画习惯。模式可以通过 mode()函数进行设置，函数格式如下：

> turtle. mode（mode＝None）

mode()函数参数可以选择三种不同的值，用字符串表示，具体说明见表 8.1。

表 8.1　　　　　　　　　　Turtle 模块的三种绘图模式

函　　数	初始画笔朝向	旋转正向	说　　明
standard	正东方向	逆时针	默认模式，画布中心为坐标原点，正东方向为 0°角，逆时针为正向偏角
logo	正北方向	顺时针	画布中心为坐标原点，正北方向为 0°角，顺时针为正向偏角
world	—	—	自定义的"世界坐标"

Turtle 画图模拟人手拿画笔在真实的画布上作画。首先确定画笔在画布中的当前位置，获取画笔的位置根据不同的需求有若干函数可供选择，见表 8.2。画笔位置的移动主要通过 forward()和 back()两个函数完成，见表 8.3。表 8.2 中的两个位置设置函数 goto()和 setposition()的功能相同，当画笔的状态是落在画布上，那么在转移位置的过程会留下痕迹，相当于画了一条直线，否则仅移动画笔的位置。

表 8.2　　　　　　　　　　Turtle 获取或设置画笔位置的函数

函　　数	说　　明
turtle. position()/pos()	返回画笔的当前坐标，用二元组表示
turtle. xcor()	返回画笔当前的 x 坐标
turtle. ycor()	返回画笔当前的 y 坐标
turtle. goto (p)	将画笔的位置转移到坐标 p 所指示的位置
turtle. setposition (p) /setpos (p)	将画笔的位置转移到坐标 p 所指示的位置

用 Turtle 画笔在画布上作画，除了需要知道画笔的位置，还需要知道当前画笔的朝向。因为 Turtle 是通过确定当前位置，落下画笔，朝着某个方向移动一定距离的方式进行画直线，方向由角度进行控制。表 8.3 列出了控制方向的常用函数以及函数的使用说明。

表 8.3   **Turtle 获取或设置画笔方向的函数**

函　　数	说　　明
turtle. forward（dis）/fd（dis）	朝当前方向前进参数 dis 指定的距离，单位是像素
turtle. back（dis）/bk（dis）/backward（dis）	朝当前方向的反方向后退参数 dis 指定的距离，单位是像素
turtle. right（angle）/rt（angle）	以当前方向为基准，向右转 angle 角度
turtle. left（angle）/lt（angle）	以当前方向为基准，向左转 angle 角度
turtle. setheading（angle）/seth（angle）	以 0°为基准，设置画笔的朝向为 angle
turtle. home()	画笔回归到原点位置，方向也复位

最后确定画笔的粗细、起落、颜色、移动速度、画圆、画点等控制，便能自由地在画布上绘图。画笔控制的函数使用及说明见表 8.4。

表 8.4   **Turtle 画笔控制的函数**

函　　数	说　　明
turtle. pendown()/pd()	画笔落下，画笔移动将在画布上留下痕迹
turtle. penup()/pu()	画笔抬起，画笔移动不会在画布上留痕迹
turtle. pensize（width＝None）	设置画笔的粗细，未指定参数返回当前宽度
turtle. circle（radius，extent＝None，steps＝None）	画一个半径为 radius 的圆，圆心在画笔的左边距离 radius 处，extent 指定绘制圆的一部分的夹角。圆由多边形近似表示，steps 指的是多边形的边的数量
turtle. dot（size＝None，＊color）	绘制一个直径为 size，颜色为 color 的圆点。size 未指定表示直径取 pensize＋4 和 2×pensize 中比较大的那一个
turtle. speed（speed＝None）	Speed 指定设置的画笔绘制速度，用 0～10 之间的数字表示，若传入的值大于 10 或者小于 0.5，速度为 0；速度为 10 表示最快且有动画，1 表示最慢，0 表示最快无绘制动画效果

下面将通过绘制一个简单的图形说明如何调用 Turtle 的相关画笔、位置等函数绘制图形。

［例 8.1］用 Turtle 模块绘制一个八卦图。

［分析］八卦图左右对称，可以认为左边和右边用相同的图形组成，仅是颜色不同。因此需要设计一个函数画半边的阴，以填充颜色作为函数参数，那么整个八卦图可以通过调用两次同样的函数，仅修改函数参数就可以得到整个图形。函数的流程设计可以用图 8.2 所示的过程表示。先绘制半圆，再将画笔方向反向后绘制更大的半圆，在相同的方向再用相反的填充色绘制与第一个圆有相同半径的半圆，最后再回到初始的位置，绘制完整小圆。

图 8.2　八卦图半边绘制流程

　　另外半边只需要调用同样的函数，在不同的方向，用相反的颜色进行绘制就可以得到完整的图形。具体的代码如下：

```
from turtle import *
def yin (radius, color1, color2):
    width (3)
    color (" black", color1)
    begin _ fill()
    circle (radius/2., 180)
    circle (radius, 180)
    left (180)
    circle (-radius/2., 180)
    end _ fill()
    left (90)
    up()
    forward (radius * 0.35)
    right (90)
    down()
    color (color1, color2)
    begin _ fill()
    circle (radius * 0.15)
    end _ fill()
    left (90)
    up()
    backward (radius * 0.35)
    down()
    left (90)
setup (0.5, 0.75, 100, 20)
yin (200," black"," white" )
yin (200," white"," black" )
```

　　代码中的 begin _ fill() 函数和 end _ fill() 函数用于填充一个图形，这个图形的绘制需在这两个函数之间完成。填充的颜色由 begin _ fill() 函数调用之前的 color() 函数决定。

　　［例 8.2］在 Turtle 窗口中使用 Turtle 库绘制时钟动画，时钟表盘的绘制效果如图 8.3 所示。

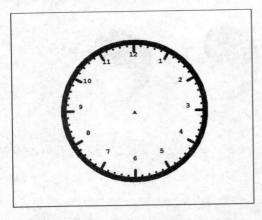

图 8.3　时钟表盘的绘制效果

[分析] 根据时钟基本组成部件，程序需要绘制钟表盘、表盘上的数字、时针、分针和秒针，以及各个指针的动画。由于时钟的时针、分针、秒针需要绘制动画且不同步，本案例通过在画布上生成多个 Turtle 对象，分别负责各个模块的绘制。

钟表盘提前一次性绘制，无需在后续的动画中改变。钟表盘的绘制由函数 clockface() 完成，基本表盘由一个圆盘组成，然后在圆盘上绘制刻度。刻度有两种，小刻度由小圆点构成，一个小刻度为 1 分钟。每 5 个小刻度画一个大刻度，由直线段表示。一个大刻度就是一个整点，标有小时数。圆周上刻度是等间隔的，可以据此计算每个刻度到正上方 12 刻度的角度，从而计算出需要绘制刻度的位置坐标。表盘对应的绘制代码如下：

```
def clockface (radius):
  reset()
  pensize (14)
  pu()
  fd (radius+25)
  seth (-90)
  pd()
  circle (radius+25)
  pu()
  home()
  pensize (7)
  j=12
  for i in range (60):
    jump (radius)
    if i % 5 == 0:
      jump (-20)
      write (f' {j} ', align=" center", font= (" Courier", 14," bold" ) )
      jump (20)
      fd (15)
      jump (-radius-15)
      j+=1
      j%=12
    else:
      jump (15)
      dot (5)
      jump (-radius-15)
```

```
    rt (6)
def jump (distanz, winkel=0):
    penup ()
    right (winkel)
    forward (distanz)
    left (winkel)
pendown ()
```

　　首先使用 circle() 函数绘制表盘，然后循环 60 次绘制表盘上的 60 个刻度，每次转动 6°。每 5 个刻度绘制一个大刻度。在每个大刻度上，调用 write() 函数将刻度的数值标在刻度边上。大刻度用 forward() 函数画出的直线段表示，小刻度用 dot() 函数画的小圆点表示。

　　代码中调用 jump() 函数的功能是画笔抬起时其位置的移动，移动的距离由参数 distanz 指定，画笔转动的角度由参数 winkel 指定，默认不转动画笔的方向。

　　表盘指针需要动画效果，而且指针需要单独移动。因此，设置三个画笔分别对应时针、分针和秒针，也就是三个 Turtle 对象。每个 Turtle 对象的画笔形状就是三根指针的形状。由于 Turtle 的画笔形状是可以定制的，我们自定义了其形状，然后通过画笔的移动完成时钟动画过程。

　　首先定义函数画出时针和分针的形状，在本项目中，形状用简易的直线段表示两根指针。然后定义函数将定义的形状注册为画笔的形状库。最后设置 Turtle 的画笔的形状。具体代码如下：

```
def hand (laenge, spitze):
    pensize (spitze)
    fd (laenge * 1.15)
def make_hand_shape (name, laenge, spitze):
    reset()
    jump (-laenge * 0.15)
    begin_poly()
    hand (laenge, spitze)
    end_poly()
    hand_form = get_poly()
    register_shape (name, hand_form)
```

　　接下来构建整个时钟界面。先设置 Turtle 的模式为"logo"。因为时钟圆盘的整个绘制过程使用该模式更加合适。从正北方向开始，与圆盘的起始方向相同。创建各个 Turtle 画笔，再设置它们的形状、颜色、尺寸等。最后，再创建一个画笔对象，将日期、星期写到钟表盘中。对应的流程如图 8.4 所示。

　　根据流程，创建 setup() 函数，以绘制整个时钟画面以及画笔对象及属性设置，具体代码如下：

图 8.4　时钟
创建流程

153

```
def setup():
global second_hand, minute_hand, hour_hand, writer
  mode("logo")
  make_hand_shape("second_hand", 150, 2)
  make_hand_shape("minute_hand", 120, 7)
  make_hand_shape("hour_hand", 80, 15)
  clockface(160)
  second_hand = Turtle()
  second_hand.shape("second_hand")
  second_hand.color("gray20","gray80")
  minute_hand = Turtle()
  minute_hand.shape("minute_hand")
  minute_hand.color("blue1","red1")
  hour_hand = Turtle()
  hour_hand.shape("hour_hand")
  hour_hand.color("blue3","red3")
  for hand in second_hand, minute_hand, hour_hand:
    hand.resizemode("user")
    hand.shapesize(1, 1, 3)
    hand.speed(0)
  ht()
  writer = Turtle()
  writer.ht()
  writer.pu()
  writer.bk(85)
```

代码中创建了 4 个全局的画笔对象，包括时针、分针、秒针和文字书写画笔，并设置时针、分针、秒针的画笔的自定义图形。为进一步设置图形大小、画笔的绘制属性等，用resizemode() 函数设置为用户模式，从而可以设置画笔形状拉伸因子调整画笔的大小外观。然后设置形状的拉伸因子和轮廓宽度进行外观调整，再设置三根指针画笔的绘制速度为 "最快"。

根据要求需要在时钟界面展示星期和日期。在 datetime 对象中，属性函数 weekday()获取的星期以整型的 0～6 表示周一至周日。因此，钟盘上显示星期需要将整数转化为表示星期的字符串，然后通过索引从存储星期的列表直接获取，具体代码如下：

```
def wochentag(t):
    weekdays = ["Monday","Tuesday","Wednesday",
      "Thursday","Friday","Saturday","Sunday"]
    return weekdays[t.weekday()]
```

日期在 datetime 对象中采用数值表示，需要进行格式化，以适应钟盘的显示风格。

在以下格式化代码中，设计了函数 datum()，以 datetime 对象为参数，返回格式化的日期字符串。具体代码如下：

```
def datum（z）:
    monat =[" Jan."," Feb."," Mar."," Apr."," May"," June",
            " July"," Aug."," Sep."," Oct."," Nov."," Dec." ]
    j = z. year
    m = monat [z. month - 1]
    t = z. day
    return "%s %d %d" % (m, t, j)
```

时钟绘制好以后，最后绘制动画，即完成整个时钟动画。程序设置了定时器，每 100 毫秒调用一次动画过程，从而实现 10 个周期秒针走动一次，误差维持在 100 毫秒以内。在一个动画周期中，首先绘制日期和星期，然后绘制时针、分针和秒针。具体代码如下：

```
def tick():
    t = datetime. today()
    sekunde = t. second + t. microsecond * 0. 000001
    minute = t. minute + sekunde/60. 0
    stunde = t. hour + minute/60. 0
    tracer（False）
    writer. clear()
    writer. home()
    writer. forward（65）
    writer. write（wochentag（t），
        align=" center", font= (" Courier", 14," bold" ) )
    writer. back（150）
    writer. write（datum（t），
        align=" center", font= (" Courier", 14," bold" ) )
    writer. forward（85）
    tracer（True）
    second _ hand. setheading（6 * sekunde）
    minute _ hand. setheading（6 * minute）
    hour _ hand. setheading（30 * stunde）
    tracer（True）
    ontimer（tick，100）
    m = monat [z. month - 1]
    t = z. day
    return "%s %d %d" % (m, t, j)
```

代码中使用了 tracer（）函数进行动画模式的控制，函数参数若设置为 True，画笔有绘制动画；反之，则不出现绘制动画。在本案例中，绘制星期和日期，不需要绘制动画；而时钟指针需要打开 tracer 开关来绘制动画过程表示时针的走动。在表示主程序的 main()函数中调用 setup()函数和 tick()函数，实现时钟所有功能。具体程序如下：

```
def main():
    tracer（False）
    setup()
    tracer（True）
    tick()
    m = monat [z. month - 1]
    t = z. day
    return "%s %d %d" % (m, t, j)
```

8.2 Tkinter 窗口应用案例

本节介绍 Python 的窗口应用程序的设计开发。首先介绍 GUI 程序的工作原理，再介绍 Tkinter 库的常用控件及模块的使用方法，最后通过开发实际案例进一步掌握相关控件的使用方法。

Tkinter 库是 Python 自带的 GUI 库，可以进行窗口程序的设计开发，特别适合快速原型搭建。Tkinter 库的程序开发基本过程是，首先导入 Tkinter 模块，然后创建初始化窗体实例、设置属性和状态，再编写函数响应状态的变化，最后构建事件循环等待用户触发，由事件循环捕获用户触发事件，并调用相应的响应函数。

8.2.1 创建窗口

创建一个 Tk 对象，便能绑定一个窗体的构造，可以在窗口实例创建后设置窗口显示的相关属性，例如窗口标题、大小等，再显示窗口。窗口可以捕获到鼠标和键盘的操作，这些操作称为一个事件。窗口检测到有鼠标在窗口内移动或者键盘按下等事件，形成消息插入到窗口对应的消息队列中。程序中有一个专门处理事件消息的循环，称为事件循环。事件循环不断从事件队列取出消息进行处理，每一次处理都会调用相应的函数完成，如图 8.4 所示。可以看到，这种编程模式与前面讲到的非窗口程序设计有本质不同。窗口程序总是等待鼠标、键盘或其他消息。一旦事件队列中有消息，就会被调用响应函数逐条处理，这个处理模式的程序设计称为事件驱动编程。

创建 Tk 对象关联的主窗口中可以添加按钮、文本框等控件。这些控件属于窗口的子部件，鼠标在这些控件上的单击的消息被传送到主窗口的事件队列中。下面举例说明这种编程模式的基本过程，体会其与非窗口编程的区别。

［例 8.3］创建一个实现两个数四则运算的窗口程序，两个数由文本框控件接收输入，按钮控件关联运算操作。

［分析］根据题意，需要在 Tkinter 主窗口中放置一个按钮，其基本功能是被单击后执行计算功能，并显示计算结果。两个文本框控件存储操作数，运算符采用下拉框控件，

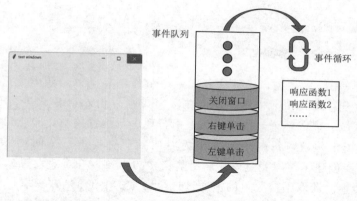

图 8.5　GUI 程序工作流程

将 4 种运算符直接与下拉框绑定。可以选择其中一种运算符，运算结果则存放至一个文本标签控件中。设计函数定义计算过程，并与按钮控件绑定。具体控件布局及相关事件函数的代码如下：

```python
import tkinter as tk
win = tk. Tk()
win. title ('test windows')
win. geometry ('400x300')
def calc():
    d1 = data1. get()
    d2 = data2. get()
    if d1. isdigit()and d2. isdigit():
        op = var. get()
        d1 = eval (d1)
        d2 = eval (d2)
        dct= {'+': d1+d2, '-': d1-d2, '*': d1*d2, '/': d1/d2}
        stxt ['text'] =f" {dct [op] } "
btn = tk. Button (win, text='计算', width=10, command = calc)
stxt = tk. Label (win, text='0', width=15, height=15, padx=5, pady=5, borderwidth=3)
data1 = tk. Entry (win, width=10)
data2 = tk. Entry (win, width=10)
var = tk. StringVar()
var. set ('+')
opr = tk. OptionMenu (win, var, '+', '-', '*', '/')
data1. insert (0, '1')
data2. insert (0, '1')
data1. grid (row=0, column=0)
data2. grid (row=0, column=2)
btn. grid (row=0, column=3)
opr. grid (row=0, column=1)
```

```
stxt. grid (row＝0，column＝4)
win. mainloop()
```

首先创建 Tkinter 的主窗口，默认分配一个事件消息队列，队列无需在程序中操作。然后将控件放置到主窗口中。程序中控件在主窗口中采用 grid 模式进行布局。这种布局模式将主窗口区域分隔成一个二维的表格，由行列进行位置控制，即 grid() 函数中的 row 和 column 参数指定位置，每一个单元格可以放置一个控件。在创建下拉菜单 Option-Menu 之前，需要创建字符串变量以存储当前选项的内容，并需要设置默认值，然后将其作为创建参数传递。获取下拉菜单的值通过这个变量的 get() 函数获取。然后为控件编写响应函数，如代码中所示，主要功能实现都在 calc() 这个按钮响应函数中。最后启动窗口的主程序，也就是调用 mainloop() 函数开启事件循环。需要注意，这里的 mainloop() 函数不需要自定义。

从以上的代码也可以看出，控件的布局和响应函数是窗口程序的主要内容。本节介绍常用控件的创建、使用以及编程控制，为后续的案例开发作铺垫。Tkinter 模块提供的常用控件包括按钮、文本框、画布、菜单等，每个控件都有特定的功能，可以根据实际的案例开发进行取舍。表 8.5 给出了 Tkinter 模块常用控件的使用说明。

表 8.5　　　　　　　　　　Tkinter 模块常用控件说明

控件对象名	功 能 描 述	控件对象名	功 能 描 述
Label	显示静态文本或者位图	OptionMenu	下拉菜单框
Entry	提供输入一行文本字符串	Canvas	用于绘制图形的画布
Text	显示或者输入多行文本	Frame	容器用于容纳控件
Spinbox	向用户提供值的范围，用户可以从中选择一个范围	LabelFrame	分组容器用于对多个关联控件进行分组
Button	按钮	PanelWindow	窗口布局管理，包含多个子控件
Radiobutton	单选按钮	Message	多行文本的显示控件
Checkbutton	多项选择框	Scrollbar	滚动条
Listbox	列表框，显示多个选项	Scale	图形滑块对象，用户可以移动滑块选择
Menu	菜单栏	Toplevel	创建和显示窗口管理器直接管理的顶层窗口

Tkinter 模块使用比较简单，但是控件比较多，初学者学习其使用需要了解清楚控件的用途和基本使用方法，才能快速地开发窗口程序。与其他开发工具相比，Tkinter 没有图形控件拖曳进行开发的界面，所有控件的布局需要在程序中进行编写设置，因此特别需要注重对控件布局方法的学习掌握。

8.2.2　控件通用属性

控件作为一类窗口对象，有很多共同的属性，称为通用属性，例如控件的尺寸、颜色、字体、样式、位置等。先掌握这些通用属性的设置和获取，可以提高控件使用的学习效率。常用控件的通用属性见表 8.6。

表 8.6   **常用控件的通用属性**

属　性	属 性 描 述 及 其 取 值
state	控件是否可用状态，取 NORMAL 或 DISABLED
bg	背景色，用颜色进行赋值
fg	表示前景色，用颜色对其进行赋值
bd	边框加粗，用整数进行赋值，默认值为 2
width	控件宽度，包括 Button、Label、Text 控件，该属性取字符数为单位，其他取像素为单位
height	控件高度，包括 Button、Label、Text 控件，该属性取字符数为单位，其他取像素为单位
borderwidth	控件边框宽度，取值像素为单位
padx 和 pady	控件内容（图片或文字）与边框的水平距离和垂直距离，单位为像素
text	控件内显示的内容
font	字体，赋值例子：font＝('宋体', 32, 'bold', 'italic')
image	控件内显示的图片，用图片对象进行赋值
justify	多行文本对齐的方式：可以选 CENTER、LEFT、RIGHT、TOP、BOTTOM
anchor	锚点位置，默认值为 center，还可以取 n、ne、e、se 等
cursor	控件光标样式，可以取 left＿ptr、heart、handle、spider
variable	控件的值与变量绑定，变量可以为 StringVar、IntVar、DoubleVar、BooleanVar，通过 get()函数、set()函数进行值的传输

8.2.3　常用控件的使用方法

在前面的计算器的开发中，已经使用了 Label 和 Entry 两种常用的文本容纳的控件。Label 专门存储静态文本用于向用户展示文本信息，一般不负责与用户的交互。Entry 是需要接收用户的输入。另外一种 Text 用于接收多行的文本，OptionMenu 控件也能容纳文本，但是这种控件是将预先设定的数据存入控件，可供用户自由选择其中一个值，与RadioButton、Checkbutton、Menu 比较类似。完整的文本控件的分类如图 8.6 所示。

除了文本控件，Button 控件可以说是最常见、最重要的控件了。Button 控件用于驱动函数任务的执行，由按钮单击而触发执行。该控件的具体使用方法已经在前面的例子中演示。本节再设计开发一个人事信息管理系统的界面设计，演示常用控件的使用。

［例 8.4］设计一个人事管理系统的信息布局界面。

［分析］根据系统设计需求，设计了基本信息更新的录入界面，使用常用控件在主窗口上进行布局。具体代码如下：

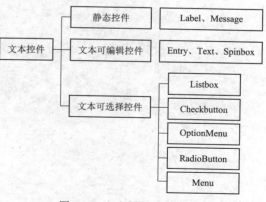

图 8.6　文本控件使用分类

159

```
import tkinter as tk
from tkinter import ttk
root = tk. Tk()
root. title ("人事管理系统")
root. geometry ("600x400")
name_label = tk. Label (root, text="姓名:")
name_label. grid (row=0, column=0, padx=5, pady=5)
name_entry = tk. Entry (root)
name_entry. grid (row=0, column=1, columnspan=2,
                  padx=5, pady=5)
work_id_label = tk. Label (root, text="工号:")
work_id_label. grid (row=1, column=0)
work_id_entry = tk. Entry (root)
work_id_entry. grid (row=1, column=1, columnspan=2)
gender_label = tk. Label (root, text="性别:")
gender_label. grid (row=2, column=0)
gender_var = tk. StringVar (root)
gender_options = ["男","女"]
gender_menu = ttk. OptionMenu (root, gender_var,
                  "请选择", *gender_options)
gender_menu. grid (row=2, column=1, columnspan=2)
nation_label = tk. Label (root, text="民族:")
nation_label. grid (row=3, column=0)
nation_entry = tk. Entry (root)
nation_entry. grid (row=3, column=1, columnspan=2)
title_label = tk. Label (root, text="职称:")
title_label. grid (row=4, column=0)
title_entry = tk. Entry (root)
title_entry. grid (row=4, column=1, columnspan=2)
height_label = tk. Label (root, text="身高:")
height_label. grid (row=5, column=0)
height_entry = tk. Entry (root)
height_entry. grid (row=5, column=1, columnspan=2)
id_label = tk. Label (root, text="身份证:")
id_label. grid (row=6, column=0)
id_entry = tk. Entry (root)
id_entry. grid (row=6, column=1, columnspan=2)
hobbies = ["运动","看书","下棋","蹦迪","打游戏","旅游"]
hobby_vars = [tk. BooleanVar()for _ in range (len (hobbies))]
hobby_frame = tk. LabelFrame (root, text="兴趣爱好")
hobby_frame. grid (row=7, column=0, columnspan=2, padx=5, pady=5)
for i, hobby in enumerate (hobbies [:3]):
```

```
        ttk. Checkbutton (hobby_frame, text=hobby,
    variable=hobby_vars [i] )
        . grid (row=0, column=i, sticky=" w" )
    for i, hobby in enumerate (hobbies [3:] ):
        ttk. Checkbutton (hobby_frame, text=hobby,
    variable=hobby_vars [i] )
        . grid (row=1, column=i, sticky=" w" )
    other_hobby_label = tk. Label (hobby_frame, text=" 其他:" )
    other_hobby_label. grid (row=len (hobbies), column=0, sticky=" w" )
    other_hobby_entry = tk. Entry (hobby_frame)
    other_hobby_entry. grid (row=len (hobbies), column=1, sticky=" we" )
    # 创建更新数据按钮
    def update_data():
        hobbies_selected = [hobby for i, hobby
            in enumerate (hobbies) if hobby_vars [i] . get()]
        other_hobby = other_hobby_entry. get()or " 无"
        print (" 姓名:", name_entry. get())
        print (" 工号:", work_id_entry. get())
        print (" 性别:", gender_var. get())
        print (" 民族:", nation_entry. get())
        print (" 职称:", title_entry. get())
        print (" 身高:", height_entry. get())
        print (" 身份证:", id_entry. get())
        print (" 兴趣爱好:", hobbies_selected)
        print (" 其他兴趣爱好:", other_hobby)
    update_button = tk. Button (root, text=" 更新数据",
                                command=update_data)
    update_button. grid (row=8, column=1, pady=5)
    root. mainloop()
```

以上代码中，人事基本信息采用"静态 Label＋文本框"的方式呈现，用于采集人事信息。性别只有两个选项，为保证数据统一性，采用下拉框控件设计。兴趣爱好采用复选框形式，以保证数据一致。界面布局采用 grid 布局，也就是将控件以二维表格形式在空间位置上编排。按钮的响应函数在本案例中采用 print()函数输出采集到的信息。

程序的运行效果如图 8.7 所示。

Tkinter 中另外一个功能强大的控件是 Canvas，该控件可以调用画笔绘制图形、展示图片，还可以放置框架分割画布，甚至创建图形编辑器。Canvas 控件包括的绘图形状有直线、矩形、文本、椭圆、多边形、图像等，各种形状的创建见表 8.7。

使用 Canvas 控件之前，需要创建控件，基本语法如下：

```
canvas = tk. Canvas (master, option=value, …)
```

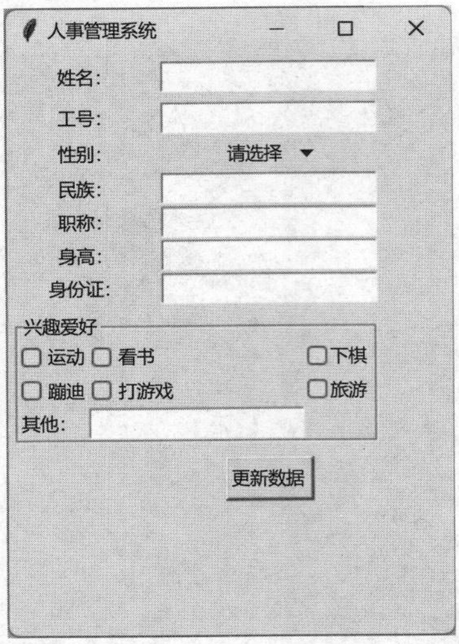

图 8.7　人事管理系统的界面布局

表 8.7　　Canvas 常用图形组件
创建方法

创 建 函 数	功 能 描 述
create _ arc	绘制圆弧，即圆的一部分
create _ bitmap	绘制位图（无压缩图）
create _ image	绘制图片
create _ line	绘制直线
create _ polygon	绘制凸多边形
create _ oval	绘制椭圆
create _ text	绘制文字
Create _ window	绘制组件

图 8.8　旗帜的绘制效果

Canvas（）函数中的参数 master 是 Canvas 所在的窗口容器，option 是需要设置的属性，包括背景、颜色、边框等常用的通用属性。

［例 8.5］使用 Tkinter 模块的 Canvas 子模块相关函数绘制一面旗帜，效果如图 8.8 所示。

［分析］通过分析效果图可知，旗帜由多个五角星组成。这些五角星除了的位置、大小、颜色不同，绘制过程均相同。因此，可将单个五角星的绘制代码定义成函数，然后在主程序中直接调用，可以减少代码的冗余。首先分析五角星的绘制过程。五角星的绘制通过中心点控制五角星在屏幕上的位置，如图 8.9 所示。图中标示的 A、B、C、D、E、G、H、I、J、K 为五角星的轮廓上的点。

接着将五角星定义成函数，参数包括五角星中心点的位置坐标、五角星的尺寸、颜色、旋转角度，从而保证旗帜中各类五角星的绘制都可以重用这个函数代码。在主程序中，指定各个五角星的位置、大小、尺寸和颜色，调用绘制五角星的函数，在大的五角星的背景绘制黄色的背景圆，就完成整个旗帜的绘制。具体代码如下：

```
import tkinter as tk
import math
def draw _ star (canvas，x，y，size，color，theta=0)：
    points = []
    for i in range (5)：#外层点
```

162

```
                outer_angle = i * 72+theta
                outer_x = x + size * 2 * math.sin (math.radians (outer_angle) )
                    outer_y = y - size * 2
                            * math.cos (math.radians (outer_angle) )
                points.append ( (outer_x, outer_y) ) #内层点
                rate = math.sin (math.radians (18) )
                            /math.sin (math.radians (126) )
                inner_angle = i * 72 + 36 +theta
                inner_x = x + size * 2 * rate
                    * math.sin (math.radians (inner_angle) )
                inner_y = y - size * 2 * rate
                    * math.cos (math.radians (inner_angle) )
                points.append ( (inner_x, inner_y) )
        canvas.create_polygon (points, fill=color, outline='')
def draw_five_star_flag():
    root = tk.Tk()
    root.title ("旗帜")
    canvas_width = 400
    canvas_height = 400
    canvas = tk.Canvas (root, width=canvas_width,
                    height=canvas_height)
    canvas.pack()
    canvas.create_rectangle (0, 0, canvas_width,
    canvas_height, fill='red', outline='')
    big_star_x, big_star_y = 200, 200
    canvas.create_oval (100, 100, 300, 300,
                    fill="yellow", outline="yellow" )
    draw_star (canvas, big_star_x, big_star_y, 50, 'red')
    small_stars = [
        (60, 320, 0),
        (120, 320, 0),
        (180, 320, 0),
        (240, 320, 0)
    ]
    for star in small_stars:
        draw_star (canvas, star [0] +50, star [1], 10, 'yellow', star [2] )
    for star in small_stars:
        draw_star (canvas, star [0] +50, star [1] -240,
                10, 'yellow', star [2] )
    root.mainloop()
if __name__ == "__main__":
    draw_star_flag()
```

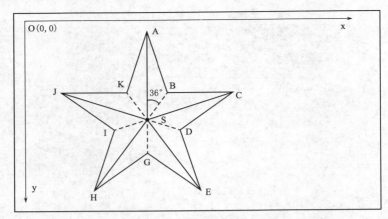

图 8.9　五角星的绘制原理示意

8.2.4　控件的布局

Tkinter 的控件在父窗口中有三种不同的布局模式：pack 模式、grid 模式和 place 模式。

（1）pack 模式：主要特点是根据控件添加的顺序进行排列，也称为相对布局。控件一般默认自上而下逐行排列。排列时需要一个参照的控件，具体的方位参数可以参考表 8.8。

表 8.8　　　　　　　　　　　　　　　　pack 模 式 参 数 表

参　　数	描　　述
after	将控件放置于其他控件之后
before	将控件放置于其他控件之前
anchor	控件的对齐方式，n 为顶对齐，s 为底部对齐，w 为左对齐，e 为右对齐，center 居中
side	设置在父窗口中的位置，可取的值有：top 为靠上、bottom 为靠下、left 为靠左，right 为靠右
fill	填充方式（x 为水平填充，y 为垂直填充）
expand	控件扩展方式，1 表示可扩展，0 表示不可扩展

（2）grid 模式：把主窗口看成是一个二维的表格区域，用行列来指定控件的布局位置，因此也称为表格布局。主要参数是 row 和 column，指定具体的位置，行列的起始编号都是 0。除此之外，还可以指定边距、占据的列数、行数等，具体的参数含义见表 8.9。

表 8.9　　　　　　　　　　　　　　　　grid 模 式 参 数 表

参　　数	描　　述
column	设置控件所放置的列，默认值为 0
row	设置控件所放置的行，默认值为 0
ipadx	设置控件水平方向的内边距
ipady	设置控件垂直方向的内边距
padx	设置控件水平方向的外边距

参 数	描 述
pady	设置控件垂直方向的外边距
columnspan	设置控件在窗口布局模式中占据的列数
rowspan	设置控件在窗口布局模式中占据的行数
sticky	设置控件在布局模式下的空间中的位置，用符号 n、e、w、s 表示，也可以组合，代表方位

从应用角度看，grid 的灵活度比 pack 要高，可以满足更加特殊的定制需求。参数表8.9 中 ipadx 和 padx 的直观解释可以参考图 8.9。

（3）place 模式：直接使用坐标确定控件的放置位置。这种布局模式的主要参数是位置坐标（x，y）以及空间的尺寸 width 和 height，因此这种布局也称为绝对布局，常用参数见表 8.10。

表 8.10   place 模 式 参 数 表

参 数	描 述
anchor	设置窗口内控件的对齐方式
x	设置控件左上角的横坐标
y	设置控件左上角的纵坐标
relx	设置控件窗口内的横坐标，用 ［0，1］ 内的数表示
rely	设置控件窗口内的纵坐标，用 ［0，1］ 内的数表示
width	设置控件的宽度
height	设置控件的高度
relwidth	设置控件相对窗口的宽度，用 ［0，1］ 内的数表示
relheight	设置控件相对窗口的高度，用 ［0，1］ 内的数表示

图 8.10　布局模式比较

以上三种布局模式各有优势，在不同场景下根据需要选择合适的布局模式。需要注意的是各种不同的布局模式不能混合使用。在同一个窗口中，布局模式不能同时使用 pack 和 grid，这两种布局模式的实现原理不同，混合使用会使语法参数矛盾，无法实现同时布局。grid 布局一般针对需要将控件均匀地散布在窗口区域中，能够有较高的布局效率。控件如果需要较紧凑地布局在窗口中，选用 pack 布局可以更加高效。place 布局则对布局的定制化要求较高，位置搭配更加讲究。各种布局的特点比较可以直观地从图 8.10 中看出。

8.3　使用 matplotlib 库进行数据可视化

数据可视化是指通过统计图表将数据进行可视化展示，从而使得人们能够更加直观、便捷了解数据的特征以及变化趋势。

在 Python 中，matplotlib 是进行数据可视化常用的工具库，具有简单易用、功能强大、样式丰富的特点，是学习高级数据可视化的基础。

matplotlib 是 Python 的第三方库，在使用之前需要导入命令进行激活。一般需要导入其中的 pyplot 子模块，具体命令如下：

```
import matplotlib. pyplot as plt
```

首先，使用 pyplot 模块快速将一组数据进行可视化，画出一个图形，代码如下：

```
import matplotlib. pyplot as plt
import numpy as np
import math
x = np. linspace (-math. pi * 4, math. pi * 4, 100)
y = np. sin (x)
plt. plot (x, y)
plt. show()
```

运行的效果如图 8.11 所示。

可以看到，代码首先通过 numpy 模块的 linspace() 函数产生了 100 个数据，并计算得到了正弦函数值，最后用 pyplot 子模块的 plot() 函数绘制了图像。pyplot 模块绘制的图像可以放大查看局部数据特征，可以编辑图形界面获得更加专业的统计图效果，还可以保存为图像用于后续的应用展示。

如图 8.12 所示，Python 绘制的图形可以获得更加专业的编辑效果。整个图由 Figure 对象管理，其包括所有坐标对象、图像装饰对象（包括标题、图形图例、颜色条等），以及图中的子图对象。因此 Figure 对象是一个容纳图形各个元素的大容器。每次使用 pyplot 模块进行图形绘制便会自动生成 Figure 对象，也可以先创建 Figure 对象，然后在图形中继续创建其他元素。以下代码演示了几种常见的显式的 Figure 对象创建方法。

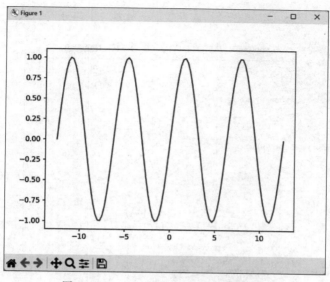

图 8.11　pyplot 模块绘制正弦函数图像

```
import numpy as np
import math
fig= plt. figure()
fig，ax = plt. subplots()
fig. show()
fig，axs= plt. subplots (2，2)
x = np. linspace (−math. pi * 4，math. pi * 4，100)
y1 = np. sin (x)
y2 = np. cos (x)
y3 = np. tan (x)
y4 = np. tanh (x)
axs [0] [0] .plot (x，y1)
axs [0] [1] .plot (x，y2)
axs [1] [0] .plot (x，y3)
axs [1] [1] .plot (x，y4)
fig. show()
```

　　代码第 3 行创建了一个空的 Figure 图形对象，第 4 行创建了一个带有一个绘图子区域的图形，ax 为图形内绘图子区域 Axes 对象。Axes 对象包含两个坐标轴对象 axis 对象，以及标题、绘图内容，更直观的使用可以参考图 8.11 中的 ax 对象。第 6 行则是创建了包含一个 2×2 网格子图的图形对象，因此 axis 就是包含 4 个区域对象的数组，分别为 axs [0] [0]、axs [0] [1]、axs [1] [0] 和 axs [1] [1]。在 4 个子图中绘制了正弦函数、余弦函数、正切函数和双曲正切函数，效果如图 8.13 所示。

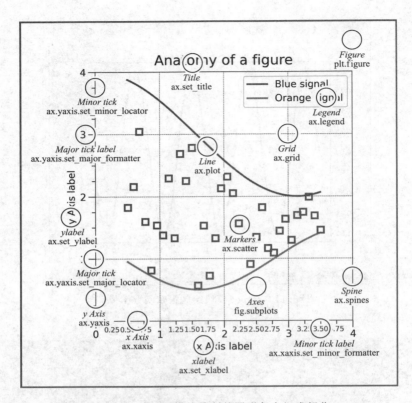

图 8.12　pyplot 模块绘制的图形各个组成部分

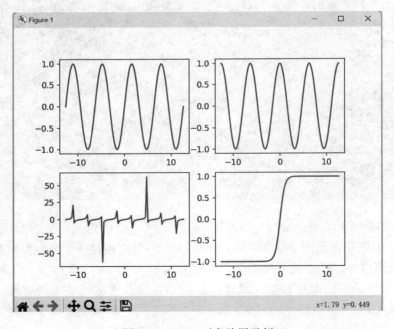

图 8.13　Axes 对象绘图示例

　　Axis 对象是管理坐标轴的，主要作用是设置坐标比例和显示的坐标限制，最终生成刻度标记和刻度标签，相关设置函数可以参考图 8.12 中各个部分的名称及设置函数。

　　其他一些图形的装饰对象包括 Text 对象（显示文字）、Line2D 物件、Collections 对象、Patch 对象、图例对象 Legend 等。

　　［例 8.6］读取股票交易的历史数据，并绘制成股价变化图。

　　［分析］首先读取股票文件，将日期单独组成列表，股票的收盘价和开盘价形成两个单独的列表，画出开盘价和收盘价的变化趋势图。具体代码如下：

```
import matplotlib. pyplot as plt
import matplotlib. dates as date
import numpy as np
import math
f = open ('0000001. txt', 'r')
data = f. readlines()
data = data [1:]
oprices = []
cprices = []
dates= []
for e in data:
    arr = e. split()
    oprices. append (float (arr [1] ) )
    cprices. append (float (arr [4] ) )
    dates. append (arr [0] )
print (dates [230: 244] )
print (oprices [230: 244] )
fig, ax = plt. subplots (2, 1, figsize= (5, 2.7), layout='constrained')
ax [0] . plot (dates [: 244], oprices [: 244] )
dateFmt = date. DateFormatter ('%Y -%m -%d')
ax [0] . xaxis. set _ major _ formatter (dateFmt)
monthLoc = date. MonthLocator()
dayLoc = date. DayLocator()
ax [0] . xaxis. set _ major _ locator (monthLoc)
ax [1] . plot (dates [: 244], cprices [: 244] )
dateFmt = date. DateFormatter ('%Y -%m -%d')
ax [1] . xaxis. set _ major _ formatter (dateFmt)
monthLoc = date. MonthLocator()
dayLoc = date. DayLocator()
ax [1] . xaxis. set _ major _ locator (monthLoc)
fig. autofmt _ xdate (rotation=45)
fig. show()
```

运行效果如图 8.14 所示。

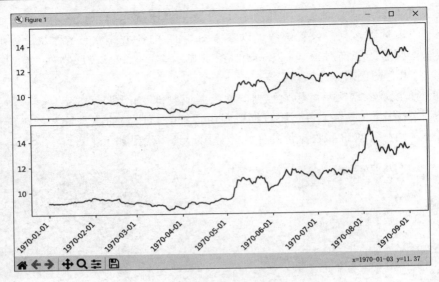

图 8.14　股票价格趋势图

8.4　本章小结

　　本章介绍了 Turtle 模块绘图、基于 Tkinter 模块的界面 GUI 程序的编制、matplotlib 库绘制图形三大模块。这三个模块体现了 Python 在不同场景下的常见应用。每个应用库通过若干案例，演示了各个库的基本使用方法以及实用程序的编制方法，掌握 Python 在解决实际问题方面的应用。

习　　题

一、简答题

1. 简述 Turtle 画图的基本步骤。

2. 简述 Turtle 与 Tkinter 库的优势和不足。

3. 罗列 matplotlib 库中的主要对象，并阐述它们之间的包含关系。

4. 简述使用 matplotlib 库进行文本文件数据可视化的基本步骤。

二、上机练习

1. 使用 Turtle 绘制以下图形。

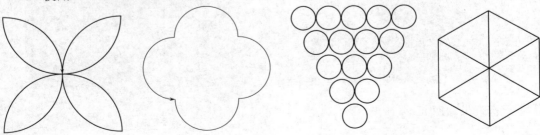

2. 绘制以下图形并使用填充函数进行填充。

3. 使用 Tkinter 实现一个简易的学生信息管理系统，参考界面如下图。

4. 已知某家庭 4 月支出的数据为住房：1500，食物：600，交通：300，娱乐：200，教育：400，医疗：300。请根据以上数据绘制饼图，效果图如下所示。

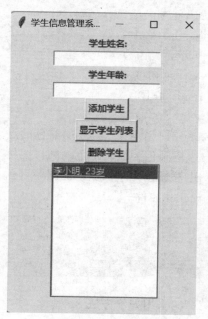

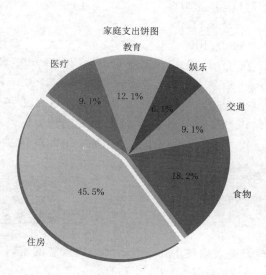

三、选择题

1. 使用 matplotlib 绘制条形图，使用的函数是（　　　）。

    A. scatter()   B. plot()   C. bar()   D. grid()

2. 下列参数中调整后显示中文的是（　　　）。

    A. axes. unicode _ minus   B. font. sans-serif

      C. lines．linestyle   D. lines．linewidth

3. 以下关于绘图标准流程说法错误的是（　　）。

    A. 绘制最简单的图形可以不用创建画布

    B. 添加图例可以在绘制图形之前

    C. 添加 x 轴、y 轴的标签可以在绘制图形之前

    D. 修改 x 轴标签、y 轴标签和绘制图形没有先后

4. 要使用 Python 的 turtle 图形，必须在程序中包含以下（　　）语句。

    A. import turtle＿module   B. import turtle＿graphics

    C. import turtle   D. import Turtle

5. 如果要将 turtle 移动到指定的坐标（100，200），下列说法正确的是（　　）。

    A. turtle．setx（100，200）   B. turtle．sety（100，200）

    C. turtle．setxy（100，200）   D. turtle．goto（100，200）

6. 下列代码中，能实现绘制实心红色圆的代码是（　　）。

    A. from turtle import ＊   B. from turtle import ＊

      color（'red'）   color（'red'）

      circle（100）   begin＿fill()

                                      circle（100）

    C. from turtle import ＊   D. from turtle import ＊

      color（'red'）   color（'red'）

      begin＿fill   begin＿fill()

      circle（100）   circle（100）

      end＿fill   end＿fill()

7. 在 Turtle 绘图模式下，dot（20，'red'）表示（　　）。

    A. 绘制一个直径为 20 的红色的点   B. 绘制一个半径为 20 的红色的点

    C. 绘制一个直径为 20 的填充颜色为红色、边框颜色为默认颜色的圆

    D. 绘制一个半径为 20 的填充颜色为红色、边框颜色为默认颜色的圆

8. 在 Tkinter 编程中，使用如下语句设置一个 label 控件。

```
import tkinter as tk
mainWindow = tk．Tk()
passworldLabel = tk．Label（mainWindow, text=" 请输入您的密码:"）
```

现需要获取该 Label 文本"请输入您的密码:"，应采用如下方法（　　）。

    A. passworldLabel．get()   B. passworldLabel［'text'］

    C. passworldLabel．text()   D. passworldLabel．text

9. 使用 Tkinter 向窗体添加一个按钮，应使用以下（　　）组件。

    A. Label   B. Entry   C. Text   D. Button

10. 下列函数（　　）不是 Tkinter 组件的布局方法。

    A. title()   B. pack()   C. grid()   D. place()